汉竹编著·健康爱家系列

杨长春 左小霞 主编

降糖控糖家常菜

江苏凤凰科学技术出版社
全国百佳图书出版单位
·南京·

图书在版编目(CIP)数据

降糖控糖家常菜 / 杨长春，左小霞主编．-- 南京：江苏凤凰科学技术出版社，2022.8
(汉竹·健康爱家系列)
ISBN 978-7-5713-2825-2

Ⅰ．①降…　Ⅱ．①杨…　②左…　Ⅲ．①糖尿病－食物疗法－家常菜肴－菜谱　Ⅳ．① R247.1　② TS972.161

中国版本图书馆 CIP 数据核字 (2022) 第 033466 号

降糖控糖家常菜

主　　编	杨长春　左小霞
编　　著	汉　竹
责任编辑	刘玉锋　黄翠香
特邀编辑	张　瑜　仇　双　朱崧岭
责任校对	仲　敏
责任监制	刘文洋
出版发行	江苏凤凰科学技术出版社
出版社地址	南京市湖南路1号A楼，邮编：210009
出版社网址	http://www.pspress.cn
印　　刷	合肥精艺印刷有限公司
开　　本	720 mm × 1 000 mm　1/16
印　　张	12
字　　数	240 000
版　　次	2022年8月第1版
印　　次	2022年8月第1次印刷
标准书号	ISBN 978-7-5713-2825-2
定　　价	39.80元

导读

粗粮、细粮，糖尿病患者应该怎样吃主食?

水果含糖，肉类热量高，得了糖尿病就只能吃蔬菜了吗?

吃什么才能不担心血糖升高?

对于糖尿病患者来说，从得了糖尿病那天起，就开始了无止境地忌口，吃什么都担心血糖会升高。为了解决这一问题，本书专门为糖尿病患者提供了饮食指导和参考。

本书以糖尿病患者的饮食为主，介绍了糖尿病患者可以放心食用的美食，不必再因为患病而对美食敬而远之，在控制血糖的同时也能够享受到美食。

本书贴心地为糖尿病患者提供了每一道菜的总热量，省去了患者自己苦苦计算的麻烦，简洁明了，十分方便。除了日常饮食中的主食、蔬菜、肉蛋奶等，本书特别介绍了糖尿病患者专属的饮品和点心，让你在享受美味的同时，不用担心血糖升高。

翻开这本书，丰富的菜谱，为你提供多样的选择，无论是蔬菜蛋肉，还是饮品点心，都能够满足你的味蕾，让你健健康康地吃，为身体健康保驾护航。

主　编：

杨长春　左小霞

副主编：

马丽超　白　晶　陈　卓　刘雪涛

编　委：

王　晶　闫　旭　沈婷婷　范　敏

孟祥红　邹德勇　马永升　李慧芳

刘鲁川　冯　睿　王文静

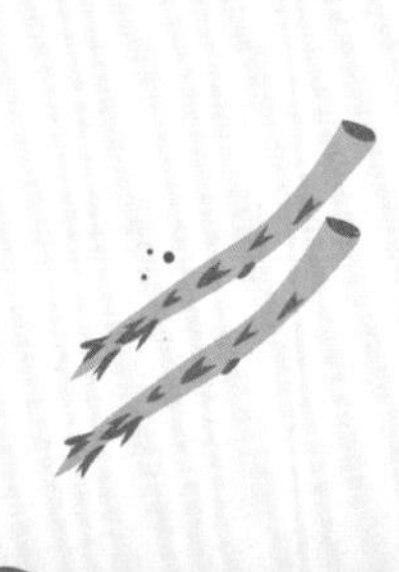

目录

第一章 控糖饮食原则

第二章 低热量主食，吃好控血糖

第三章 轻食蔬菜，降压降血糖

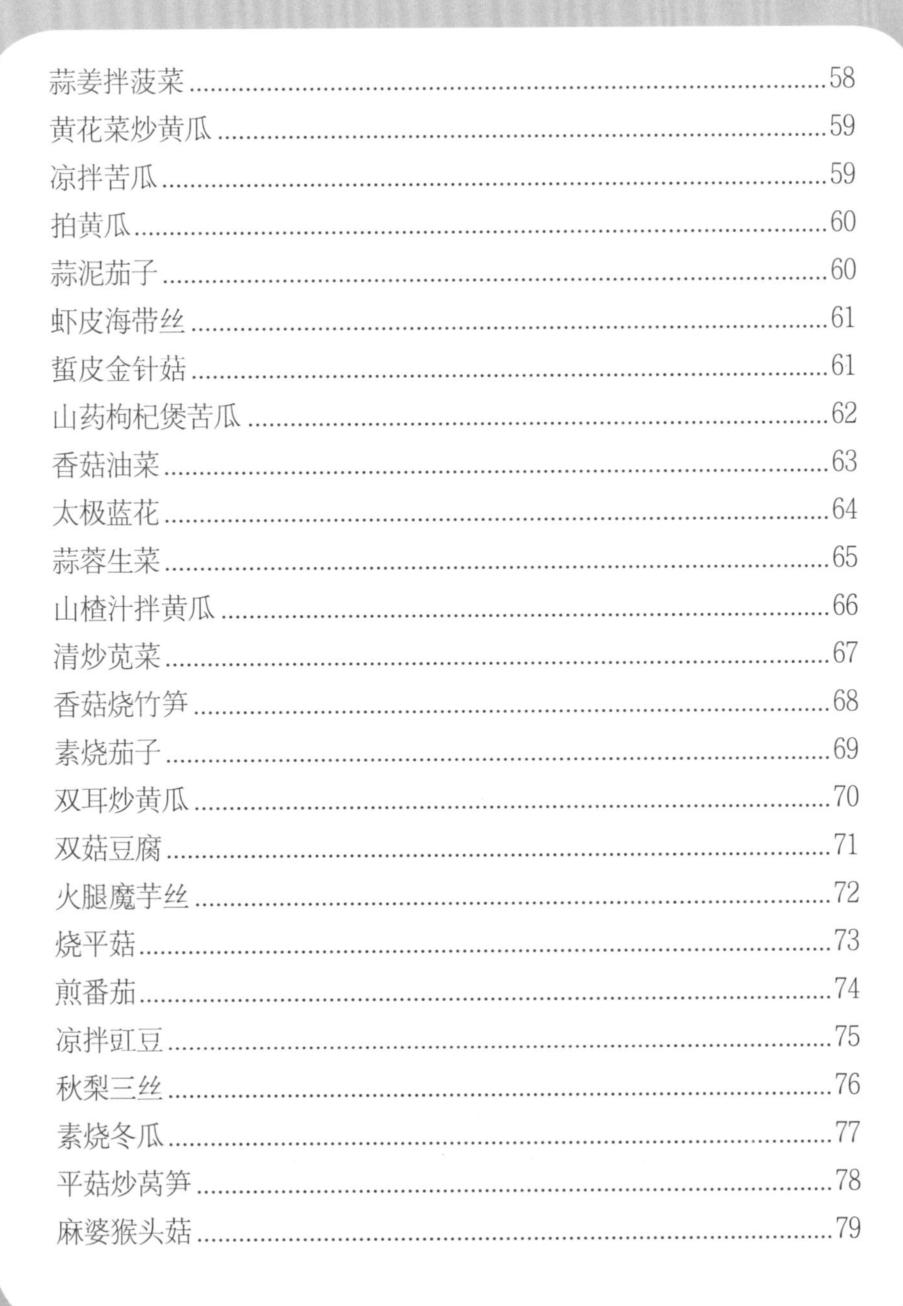

第四章 畜禽肉类、蛋类、奶类、水产类，补充优质蛋白

第五章 低脂汤粥类，饱腹好吸收

第六章 低糖饮品、甜点，降低饥饿感

第七章 糖尿病并发症的饮食方案

第一章 控糖饮食原则

高脂肪、高碳水化合物、高热量的饮食方式使体内胆固醇和甘油三酯升高，血液黏稠度升高，造成了糖、蛋白质和脂肪代谢紊乱，同时可能也会影响胰岛素分泌，导致血糖升高，形成糖尿病。到底能吃什么是众多糖尿病患者非常苦恼的事情。其实，糖尿病患者并非什么都不能吃，只要掌握科学的饮食方法，坚持“控制总热量，均衡营养”的原则，糖尿病患者也可以痛快地吃。

糖尿病的判断及类型

哪些人容易得糖尿病

40 岁以上的人群

40 岁以上的人群是糖尿病高发人群，到了这个年龄段，应该每年检查血糖、血脂，必要时进行糖耐量检查，同时监测血压，这对糖尿病的早期发现很重要。

有糖尿病家族史者

父母、子女或兄弟姐妹一级亲属中有患糖尿病者，即为有糖尿病家族史。如果有糖尿病家族史，则后代患糖尿病的风险会增高。所以，这类人群要提高警惕，积极预防糖尿病的发生。

肥胖者

2 型糖尿病发生的危险性与肥胖程度呈正相关，肥胖的时间越长，程度越重，患糖尿病的危险性就越高。肥胖易造成胰岛素抵抗，从而容易造成胰岛素分泌过多，胰岛素过多分泌不可能持续很长时间，胰腺最后会不堪重负而发生功能衰竭，引发糖尿病。如体质指数≥ 24 和（或）中心型肥胖者（男性腰围≥ 90 厘米，女性腰围≥ 85 厘米），应预防糖尿病发生。

长期持续肥胖者，糖尿病发病率会明显增高。

代谢综合征患者

生活中患有高血压、高血脂、高血糖的患者并不少见，其实这是代谢综合征的体现。代谢综合征通常与遗传和生活环境密切相关，如果有遗传性肥胖或者因不良生活方式、营养过剩等引起体内脂肪代谢紊乱的现象，都会导致出现代谢综合征，并引起糖尿病和其他一系列严重疾病。

孕期血糖升高或生了巨大儿的女性

孕期曾出现血糖升高或分娩过 4 千克以上巨大儿的女性，以后患糖尿病的概率会增加。

如何判断得了糖尿病

典型症状："三多一少"

确定是否患糖尿病，最直接的方法就是去医院化验血糖指标。糖尿病的典型临床表现通常被归纳为"三多一少"，即多尿、多饮、多食、体重下降。

多尿：糖尿病患者每昼夜尿量可达 3 000~5 000 毫升，除此之外，排尿次数也会增多。这是因为糖尿病患者血糖浓度高，血糖从肾小球滤出后，不能完全被肾小管重吸收，从而造成渗透性利尿，以致出现多尿。血糖越高，尿量越多。

多饮：多饮是由多尿引起的，由于多尿，人体内水分丢失过多，细胞脱水，刺激渴觉中枢产生渴的感觉，患者需大量饮水。排尿越多，饮水也越多。

多食：由于大量尿糖丢失，使得人体处于半饥饿状态，从而引起食欲亢进，食量增加。又因高血糖刺激胰岛素分泌，因而患者易产生饥饿感，就需要通过多吃东西来缓解。

体重下降：糖尿病患者胰岛素分泌不足，不能有效利用葡萄糖，需要靠分解体内储存的脂肪和蛋白质来提供能量，导致体内葡萄糖、脂肪及蛋白质被大量消耗，加之多尿造成水分丢失，使患者体重下降、形体消瘦。

其他症状

大多数糖尿病的起病非常隐匿，因此，需要了解糖尿病除"三多一少"外的一些常见的症状和体征。需要注意的是，许多患者可能没有任何临床表现，所以按时体检也是十分必要的。

症状 1：视力减退。糖尿病可引起视网膜病变及白内障，从而影响视力，发病率随着病程与年龄的增加而升高。其中，糖尿病性视网膜病变对视力影响较严重，常常因视网膜出血而造成视力突然下降。

症状 2：呼吸有异味。呼吸时有烂苹果味，重者连汗液、泪水都有类似气味，应警惕糖尿病急性并发症酮症酸中毒。

症状 3：手脚麻木。呈"袜套""手套"样表现。糖尿病周围神经病变为长期糖尿病患者较常见的慢性并发症，早期有感觉麻木、过敏等表现，往往被忽略。

症状 4：牙齿松动、牙痛。患糖尿病时间长了可能会造成牙槽骨骨质疏松，进而造成牙齿松动。血糖高时，口腔容易继发感染，引起牙周炎、口腔炎。

如果发现以上类似症状，一定要及时到医院检查。

你是属于哪种类型的糖尿病

糖尿病的四大类型	
1 型糖尿病	·1 型糖尿病病因至今仍不明确； ·好发于儿童期； ·也可能发生在一生中任何年龄段； ·占糖尿病总数的 5%左右； ·因常规必须使用胰岛素，所以曾被称为胰岛素依赖性糖尿病； ·起病通常较急，多饮、多尿、多食、体重减轻等症状明显
2 型糖尿病	·遗传倾向比较明显； ·好发于成年人，但近年来有年轻化趋势； ·占糖尿病总数的 90% ~95%； ·早期依靠控制饮食，适量运动或服用降糖药物可控制病情
特殊类型糖尿病	指由明确病因引起的糖尿病，如： ·胰腺疾病造成胰岛素无法合成； ·由于其他内分泌原因引起对抗胰岛素的激素分泌太多； ·一些罕见的遗传性疾病； ·药物或化学品引起的糖尿病； ·不常见的免疫介导性糖尿病
妊娠糖尿病	·妊娠过程中出现不同程度的糖耐量异常； ·大部分患者分娩后糖耐量可恢复正常； ·病情严重与否直接影响胎儿的健康，可引起流产、早产、巨大儿等； ·妊娠糖尿病患者在分娩后可能发生糖尿病

饮食是控制血糖简单且有效的方法

糖尿病的发生是由多种因素引起的，主要包括遗传因素及环境因素两大方面。由于遗传因素目前为不可改变因素，所以为了预防糖尿病，我们把重点放在环境因素的改变上。在环境因素中，饮食的影响占有很重要的地位。正因为如此，很多人把糖尿病称为“富贵病”，或者“吃出来的富贵病”。

饮食治疗是预防和治疗各种类型糖尿病的重要方法。是否把饮食控制做到位，是检验患者对糖尿病知识掌握程度的重要标志，也是关乎糖尿病患者能否做到良好的体重和血糖控制的重要前提。糖尿病营养饮食治疗有操作方便、安全、经济且疗效明显的优势。良好的饮食控制可以减少降糖药物或胰岛素的用量，从根本上保护胰岛细胞的功能。

饮食要控制，但营养要足够

糖尿病患者每天的饮食中一般要有以下食物参与构成，即主食（粮食）、奶类、畜禽肉类、蛋类、鱼虾类、豆类及豆制品、蔬菜、水果、坚果及植物油等。

糖尿病患者的饮食控制要求遵循“一个原则”“一个保证”“几个兼顾”。“一个原则”是平衡膳食的原则；“一个保证”是保证足够的营养物质；“几个兼顾”是在控制好血糖的同时，兼顾血脂、血压、体重、并发症的防治，兼顾个人生活习惯及饮食爱好。

饮食管理必须持之以恒

饮食控制也好，饮食治疗也罢，绝对不是一时心血来潮，需要持之以恒。有些人决心下得快，行动也迅速，饮食控制得很完美，却不能坚持，很快就恢复常态。

饮食治疗以合理控制食物总热量和成分比例，减轻和避免肥胖为原则，以减轻胰岛负担，降低血糖，改善症状为目标。

糖尿病患者需要终身控制饮食。对任何一个患者来讲，如果没有很好的饮食治疗，就不会有满意的糖尿病控制结果。良好的饮食控制以不影响糖尿病患者生活质量为前提，让患者享受与正常人几乎一样的生活。

糖尿病患者要制定科学的饮食方案，平衡好饮食健康与体重之间的关系。

控制血糖需要遵守哪些饮食原则

控制总热量是根本

什么是热量

营养学上所说的热量，又叫热能，是指食物中可提供热能的营养素，经过消化道进入体内代谢释放，成为机体活动所需要的能量。食物中的碳水化合物、脂肪、蛋白质在体内代谢后以不同的形式产生热能，其中碳水化合物是主要且直接的能量供应方。

糖尿病患者的热量提供是否合理非常重要。热量过高，就会加重病情；过低，又会导致营养素摄入不足。总之，热量过高或过低都不利于病情的控制，所以糖尿病患者要科学安排主食和副食的摄入量。

怎么控制总热量

1. 吃早餐。早餐不仅要吃，还要高质量地吃，即减少传统高精制碳水化合物食物，增加富含优质蛋白的食物。这样不仅能使人整个上午都精力充沛，中午也不会因为过于饥饿而难以控制食量，晚餐也能得到相应的控制，一天的总热量摄入就不易超标。

2. 学会细嚼慢咽。每一口食物都要充分咀嚼后再下咽，从而放慢吃饭速度。这样容易产生饱腹感，从而减少糖尿病患者的进食量。

3. 正餐中多吃蔬菜。在同等重量的前提下，蔬菜热量低，膳食纤维含量高，升糖指数也普遍偏低。多吃蔬菜可以增加饱腹感，从而控制主食的摄入量。

4. 估算、计划总量。在每顿饭前估算出这一餐预计摄入的热量，从而计划好每道菜可以吃的量，做到心里有底，这样就可以在一定程度上减少每餐热量不均、血糖不稳定的情况发生。

5. 适量吃粗粮。吃粗粮的好处颇多，粗粮可以增加食物在胃里的停留时间，延迟饭后葡萄糖吸收的速度，降低糖尿病、高血压和心脑血管疾病的风险。同等重量的粗粮饱腹感相对细粮的要高，糖尿病患者在吃粗粮时摄入的热量也会相对较低。但如果粗粮吃得太多，也会影响消化，过多的纤维可能会导致肠道阻塞、脱水等急性症状。每人每天摄入粗粮 50~150 克即可。

粗粮中含有丰富的膳食纤维，有助于促进肠道蠕动。

保持食物多样性

有人早上吃了一个白面馒头，下午就不吃馒头，而是吃一碗面条；中午吃了肉丝，晚上改吃排骨。但白面馒头、面条其实只能算作是“食物多样性”当中的一种，而不能算作两种，因为它们的原料都是小麦；肉丝、排骨亦然。

我国营养学会发布的膳食指南中，第一条就强调了“食物多样性”。这个多样是食物原料的多样，以及食物类别的多样。每天需摄入的食物原料应当在 20 种以上，不包括调味品；如果做不到，也尽量在 12 种以上。营养平衡的膳食是由多种类别的食物组成，不是某一类食物的多样化。

按照合理比例，广泛摄入各类食物，包括谷类、动物性食物、蔬菜和水果、坚果、豆类制品、奶类制品和油脂，才能达到营养均衡，满足人体各种营养需求。

谷类。谷类是每日饮食的基础，提倡食用部分粗粮。在控制总热量的前提下，碳水化合物应占总热量的 50%~60%。在日常饮食中，糖尿病患者宜多选用含有复合碳水化合物的食物，尤其是富含纤维的谷物等。

瘦肉。每日进食瘦肉 40~75 克，每周进食海鱼 2~3 次，这些食物都含有丰富的优质蛋白。研究发现，如果想控制好血糖，重视蛋白质的摄取很重要。

奶类。奶类被称为“全营养食物”，能提供人体所需的大多数营养素，其重要的营养贡献是蛋白质和钙。

豆制品。大豆或豆制品也应经常吃。豆制品和肉类可以一起食用，以提高蛋白质的利用率。

蔬菜和水果。每日进食 300 克以上的蔬菜和一两种水果，多选用红、黄、绿等深色蔬菜和水果。尽量选择水分含量高的水果、未熟透的新鲜水果，这样更容易降低食物的血糖生成指数。水分含量少的水果升糖指数较高，成熟的水果或放置时间较长的水果含糖量较高，从而使升糖指数升高。

想要身体健康，保持食物多样性很重要。

这样的烹饪方法更健康

清淡少油盐

对糖尿病患者而言，饮食少油、少盐、少糖，有利于对体重、血糖的控制，所以糖尿病患者应选少油、少盐的清淡食品，利用食材的原味搭配出美味。

世界卫生组织（WHO）建议：糖尿病非高血压患者一天食盐量应不超过 5 克，糖尿病伴高血压患者食盐量应进一步限制；盐的量要将酱油、咸菜中的盐量也考虑进来。适量摄入主食，增加副食，适时加餐。不少糖尿病患者为了达到控制血糖的目的，采取少吃甚至不吃主食、多吃副食的办法来控制热量的摄入。殊不知，这种做法摄入了更多的盐、油，不仅达不到控制血糖的目的，甚至还可能加重病情。

糖尿病患者食盐过多容易引起血压升高。

摄入油过多，也会对糖尿病患者的健康产生不利影响，所以菜肴烹调可多用蒸、氽、煮、凉拌、涮、炖等方式。平时应选择食用植物油，并经常更换植物油的种类。尽量减少赴宴，在赴宴时也应按照平时在家吃饭时的量和食物间的搭配来选择饭菜。不建议用精制糖。

本书所有食谱中的热量，以一盘菜（肉、蛋、豆腐 100 克左右，蔬菜 200 克左右为例），炒菜耗油 10 克，凉拌、煮、蒸、炖菜耗油 3~5 克计算。想要每天油脂不超标，每天应只有 1~2 个炒菜，其余为凉拌、蒸、煮、炖菜。

糖尿病患者吃过于油腻的食物，可能会导致血脂升高。

做饭时“偷点懒”

在烹饪食物的时候不妨“懒”一点，如圆白菜、菜花等蔬菜不要切，直接用手掰小块；土豆、冬瓜等蔬菜则切得大一些；豆类整粒煮，不要磨成粉或去皮，这样可以较大程度保证食物的营养不流失。

进餐顺序有讲究

许多糖尿病患者非常在意一日三餐的质和量，却往往忽视进餐顺序。同时，一些老习惯又在悄悄影响着人们的进餐顺序：肉类 + 酒品→蔬菜→主食→汤→甜点或水果。殊不知，这种用餐顺序很容易造成摄入食物过多、影响营养吸收以及餐后血糖升高等不良影响。

不管人们进食的食物有多复杂，人体每次消化食物时，都会先集中在胃里，经过一段时间形成食糜。只要稍微调整一下平日的进食顺序，如汤→清淡的蔬菜→肉类→主食，就可以让我们的饮食既有质和量，又可以远离疾病的困扰。

先喝汤

国人一般习惯饭后喝汤，糖尿病患者不妨先喝一小碗开胃汤，并且最好是热量较低的去油清汤。吃饭前喝一小碗汤比较符合生理要求，因为适量的汤不但可以在饭前滋润消化道，而且不至于过分增加胃容量，同时可以促进消化液规律分泌。

吃饭前先喝汤有助于滋养肠胃。

吃清淡的蔬菜

喝汤后先吃清淡的蔬菜，如叶菜、瓜类等低热量的蔬菜。如果能凉拌、热拌或水煮，减少用油量更佳。

多吃蔬菜可增加膳食纤维的摄入量。

吃肉类与主食

吃完菜再吃肉类与主食，一小口一小口慢慢吃，即使比往常吃得少，也很容易吃饱。这样的进餐顺序既可以让人合理利用食物的营养，又能够减少胃肠负担，从而达到健康饮食的目的。

主食放在最后吃更容易增加饱腹感。

饭后不宜喝汤

吃饭后大量喝汤的影响在于过量的汤水会稀释消化液，从而削弱肠胃的消化能力，甚至会引起胃过度扩张，长此以往，就会导致胃动力不足。因此，饭后不宜喝汤。

饭后大量喝汤会影响消化。

一日三餐能量分配

如何确定自身能量需要

糖尿病患者在吃的方面，每天都要对热量“斤斤计较”。控制一天摄入的总热量，是控制饮食的一个重要方面。控制热量并不意味着热量摄入越少越好，热量摄入太少，在不足以提供一天消耗的能量的情况下，容易引起低血糖。糖尿病患者可根据自身的体重和每天的活动量，计算出每日需要的合理热量，把热量控制在这个范围内就可以了。

第一步：测算体重

科学计算：体质指数（BMI）= 体重（千克）/[身高（米）]^2

类型	偏轻	正常	超重	肥胖
BMI	< 18.5	18.5~23.9	24~27.9	≥ 28

简便计算：理想体重（千克）= 身高（厘米）-105

精细计算：理想体重（千克）= [身高（厘米）-100]×0.9

当实际体重在理想体重的 90%~110% 范围内时，体重属于正常；当实际体重超过理想体重的 110% 时，为超重；当实际体重超过理想体重的 120% 时，为肥胖；当实际体重少于理想体重的 80% 时，则为消瘦。

第二步：计算劳动强度

不同劳动强度每天消耗的热量不同。一般来说，文员、酒店服务员等属于轻体力劳动；车床操作、金工切割等属于中体力劳动；炼钢、装卸、采矿等属于重体力劳动。如果在每天保证 6 000 步运动量的基础上，还有半小时以上较激烈的球类或其他运动，则按高一级的体力劳动强度计算。

第三步：算出 1 日总热量

举例：一位男士，身高 170 厘米，体重 70 千克，平时从事轻体力劳动，他一天需要摄入多少热量呢？

第一步：测算理想体重，170 - 105 = 65（千克）

这位男士实际体重为 70 千克，超过标准体重不到 10%，属于正常体重类型。

第二步：计算活动强度，正常体重下从事轻体力活动，每日每千克体重需要 125.5 千焦（30 千卡）热量。

第三步：算出 1 日总热量，1 日总热量 = 125.5 千焦 ×65 千克 = 8 157.5 千焦（1 950 千卡）

重建饮食金字塔

人体必需的营养素多达 40 余种，这些营养素必须通过食物摄取来满足人体需要，如何选择食物的种类和数量来搭配膳食是重中之重。糖尿病患者的饮食，最大的问题就是各类食物、各种营养素在饮食中的构成比例不够协调。一旦饮食出现问题，身体上的各种问题就显现出来了。

中国营养学会针对我国居民膳食结构中存在的问题，推出了“中国居民平衡膳食宝塔”，将五大类食物合理搭配，构成符合我国居民营养需要的平衡膳食模式。

中国居民平衡膳食宝塔图

膳食宝塔建议的各类食物的摄入量一般是指食物的生重，而各类食物的组成是根据全国营养调查中居民膳食的实际情况计算的，所以每类食物的重量不是指某一种具体食物的重量。

补充解释

每日膳食中应尽量包含膳食宝塔中的各类食物，但无须每日都严格按照膳食宝塔的推荐量。应用膳食宝塔可把营养与美味结合起来，按照同类互换、多种多样的原则调配一日三餐。同类互换就是以粮换粮、以豆换豆、以肉换肉。

我国成年人每日最好吃蔬菜 300~500 克，其中深色蔬菜约占一半。深色蔬菜富含胡萝卜素，是中国居民维生素 A（胡萝卜素可转化为维生素 A）的主要来源。多数蔬菜的维生素、矿物质、膳食纤维含量高于水果，故推荐每餐有蔬菜，每日吃水果。但切记，蔬菜水果不能相互替代。

三餐比例 3:4:3

注意进食规律，一日至少进食三餐，而且要定时、定量，两餐之间要间隔 4~5 小时。注射胰岛素的患者和易出现低血糖的患者还应在三次正餐之间加餐两次，或称为“三餐两点”制。从三次正餐中拿出一部分食品留作加餐用，这是防止低血糖行之有效的措施。

早餐：要吃好

起床后活动 30 分钟，此时食欲最旺盛，是吃早餐的最佳时间。早餐所占的营养总量以占一日总量的 30% 为宜。早餐中包括了谷类、动物性食物（肉类、蛋类）、奶及奶制品、蔬菜和水果等食物，则为早餐营养充足。

上午加餐

就餐时间宜为上午 10 点左右。上午加餐宜从三餐中匀出部分食物，如将早餐的水果（或渣汁不分离的全果汁）放在此时来吃，这样不至于早餐吃太多，避免摄入过量的糖；也可减少三餐热量的摄入，额外增加低热量食物。

午餐：要吃饱

午餐是承上启下的一餐。午餐的食物既要补充上午消耗的能量，又要为下午的工作和学习做好必要的准备。不同年龄、不同体力的人所需午餐热量应占他们每天所需总热量的 40%。

下午加餐

就餐时间最好在下午 3~4 点。可以在总热量一定的情况下，适量吃些低糖水果、无糖酸奶。

晚餐：要吃少

晚餐比较接近睡眠时间，能量消耗也因之降低很多，因此，晚餐七八分饱即可。“清淡至上”更是晚餐必须遵循的原则。就餐时间最好在晚上 8 点以前。尽量少吃主食，多摄入一些新鲜蔬菜。

睡前加餐

睡前加餐是为了补充血中的葡萄糖，保证夜晚血糖不至于过低。因此，睡前是否加餐，取决于睡前糖尿病患者的血糖水平。如果血糖水平正常，那么可以适当少量加餐；如果血糖水平高于正常水平，那么就没有必要加餐。

升糖指数是什么

升糖指数（GI），是指在标准定量下（一般为 50 克）某种食物中碳水化合物引起血糖上升所产生的血糖时间曲线下面积和标准物质（一般为葡萄糖）所产生的血糖时间下面积之比值再乘以 100。它反映了某种食物与葡萄糖相比升高血糖的速度和能力，是反映食物引起人体血糖升高程度的指标，是人体进食后机体血糖生成的应答状况。

升糖指数高的食物由于进入肠道后消化快、吸收好，葡萄糖能够迅速进入血液，如果摄入过量，易转化为脂肪积蓄，从而易导致高血糖的产生。而升糖指数低的食物由于进入肠道后停留的时间长，释放缓慢，葡萄糖进入血液后峰值较低，引起餐后血糖反应较小，需要的胰岛素也相应减少，所以避免了血糖的剧烈波动，既可以防止高血糖也可以防止低血糖，能有效地控制血糖的稳定。

不同的食物有不同的升糖指数，通常把葡萄糖的升糖指数定为100。升糖指数（GI）>70 为高升糖指数食物；升糖指数 <55 为低升糖指数食物。

食物交换份与食物交换法

食物交换份：将食物分成谷类、水果类、蔬菜类、肉类、蛋类等不同种类，然后确定大约 377 千焦（90 千卡）为一个交换单位，再计算出一个交换单位的各类食物的大致数量，就可以按照每天自己应该摄入的总热量来自由交换各类食物。在总热量不变的情况下，同类食物可以换着吃。

以下是各食物大类之间的互换，在每一类食物中，因为每一种食品所含的营养存在差异，所以各类食品之中有更加详细的互换。

等值谷类食物交换表（1 个交换单位）

食品	质量 / 克	食品	质量 / 克
各类米	25	各类面粉	25
各种挂面	25	饼干	20
馒头	40	凉粉	240
油炸面点	22	非油炸面点	35
魔芋	48	土豆	100
鲜玉米棒	175	湿粉皮	150

等值水果类食物交换表（1 个交换单位）

食品	质量 / 克	食品	质量 / 克
西瓜	350	草莓	300
葡萄	200	李子、杏	200

（续表）

食品	质量 / 克	食品	质量 / 克
猕猴桃	150	梨、桃、苹果	180
橘子、橙子、柚子（带皮）	200	柿子、香蕉、荔枝（带皮）	120
等值蔬菜类食物交换表（1个交换单位）			
食品	**质量 / 克**	**食品**	**质量 / 克**
各类叶菜	500	葫芦、节瓜、菜瓜	500
洋葱、蒜苗	250	豇豆、扁豆	250
绿豆芽	500	胡萝卜、冬笋	200
苦瓜、丝瓜	400	毛豆、鲜豌豆	70
鲜蘑菇、茭白	350	山药、藕	150
冬瓜	750	百合、芋头	100
等值肉类、蛋类食物交换表（1个交换单位）			
食品	**质量 / 克**	**食品**	**质量 / 克**
兔肉	100	带鱼	80
鸡肉	50	鸭肉	50
鱼类	80	水发鱿鱼	100
瘦肉	50	肥肉	25
火腿、香肠	20	水发海参	350
鸡蛋	60（约1个）	鸭蛋	60（约1个）
鹌鹑蛋	60（约6个）	松花蛋	60（约1个）
鸡蛋清	150		
等值豆类、奶类食物交换表（1个交换单位）			
食品	**质量 / 克**	**食品**	**质量 / 克**
大豆	25	腐竹	20
北豆腐	100	南豆腐	150
豆浆	400	豆腐丝、豆腐干	50
青豆、黑豆	25	芸豆、绿豆、赤小豆	40
牛奶	160	羊奶	160
奶粉	20	脱脂奶粉	25
无糖酸奶	130	奶酪	25
等值油脂类、坚果类食物交换表（1个交换单位）			
食品	**质量 / 克**	**食品**	**质量 / 克**
各种植物油	10	核桃、杏仁、花生米	15
葵花子（带壳）	30	西瓜子（带壳）	35

嘴馋怎么办

为满足一些糖尿病患者爱吃甜食的需求，市场上出现了形形色色的糖的替代品——各种甜味剂。它们对血糖影响很小或者没有影响，可以满足糖尿病患者味蕾的需要。下面我们介绍几种糖尿病患者可食用的甜味剂，可以在自己做点心的时候适量添加，让糖尿病患者解解馋。需要提醒的是，替代品本身不是食品，需符合国家添加剂标准，过多无益。

含一定热量的甜味剂

木糖醇。木糖醇在代谢初期，可能不需要胰岛素参加；但在代谢后期，需要胰岛素的帮助，所以木糖醇不能替代蔗糖。但也有专家认为，木糖醇不会引起血糖升高，还对防止龋齿有一定的作用。

山梨醇。山梨醇摄入后不会产生热能，不会引起血糖升高，也不会合成脂肪和刺激胆固醇的形成，是糖尿病患者较理想的甜味剂。

不含或仅含少许热量的甜味剂

阿斯巴甜。阿斯巴甜是目前市场占有率很高的非糖果甜味剂。优点是安全性较高，可以显著降低热量摄入而不会造成龋齿，还可以被人体自然吸收分解。缺点是遇酸、热的稳定性较差，不适宜制作温度高于 150℃ 的面包、饼干、蛋糕等焙烤食品和酸性食品。但阿斯巴甜毕竟是食品添加剂，要少食。

甜叶菊苷。甜叶菊苷是从植物中提取的天然成分，所以比较安全。它具有高甜度、低热能的特点，其甜度是蔗糖的 200~300 倍，热值仅为蔗糖的 1/300。食用后不被吸收，不产生热能，故为糖尿病患者良好的天然甜味剂。

无糖点心能多吃吗

无糖点心是指没有加入蔗糖的食品，但并不代表是真的无糖，只是将蔗糖换成了糖的替代品。大多数无糖点心是用粮食做成的。粮食的主要成分就是碳水化合物，它在体内可以分解成葡萄糖，有的点心油还比较多。因此，糖尿病患者在食用无糖食品时需要节制。

4 周有效控糖食谱

第 1 周控糖食谱

第 1 周控糖食谱

时间	早餐	午餐	晚餐
星期一	豆浆 高粱面馒头 大拌菜	二米饭[①] 菜花炒肉 白萝卜焖大虾	雪菜肉丝面 清炒豇豆 凉拌番茄
星期二	玉米面窝窝头 菠菜鸡蛋汤	米饭 蒜苗炒肉 拌萝卜丝	牛奶燕麦粥 白灼虾 素炒扁豆
星期三	薏米汁 三鲜包子（木耳、胡萝卜、香菇）	杂粮米饭 素炒茼蒿 清蒸鲈鱼	鸡丝面 蔬菜沙拉
星期四	无糖酸奶 紫薯馒头 芹菜拌豆干	红小豆米饭 酱牛肉 素炒绿豆芽	芹菜猪瘦肉水饺 凉拌黄瓜
星期五	豆浆 紫菜饼 煮鸡蛋	米饭 芹菜炒肉丝 番茄炒鸡蛋	金银卷 冬瓜虾皮汤 胡萝卜炖排骨
星期六	牛奶 全麦面包 拌海带丝	玉米面窝窝头 鲫鱼豆腐汤 素炒茄子	芸豆米饭 大白菜炒肉丝 紫菜蛋花汤
星期日	无糖酸奶 杂粮馒头 青菜炒虾皮	糙米饭 韭黄炒鳝丝 丝瓜金针菇	鸡汤馄饨 香煎豆渣饼 猕猴桃

①二米饭为大米 + 小米，可按大米和小米 1 ：1 的比例。

糖尿病患者可根据自己的身高、体重和体质指数，按照前面的方法计算出所需能量来决定主食的摄入量。

第 2 周控糖食谱

第 2 周控糖食谱

时间	早餐	午餐	晚餐
星期一	豆浆 白菜饼 煮鸡蛋	二米饭 红烧黄鳝 凉拌莴笋丝	牛肉菠菜汤 韭菜饼
星期二	脱脂牛奶 全麦面包 凉拌黄瓜	米饭 素炒西蓝花 扁豆炒猪瘦肉	紫菜鸡蛋饼 海米炒芹菜 萝卜肉丝汤
星期三	无糖酸奶 紫薯包 拌西葫芦	杂粮米饭 菜花炒鸡肉 丝瓜鸡蛋汤	玉米面发糕 平菇炒肉丝 凉拌莴笋片
星期四	牛奶燕麦片 素炒豇豆 煮鸡蛋	米饭 蒜薹炒肉丝 番茄洋葱汤	紫米面馒头 海带炖排骨 芝麻拌菠菜
星期五	豆浆 煮鸡蛋 煮玉米	杂粮饭 香菇炖鸡 素炒绿豆芽	阳春面 茄汁菜花 酱牛肉
星期六	豆浆 杂粮馒头 茶叶蛋	糙米饭 番茄豆角炒牛肉 丝瓜鸡蛋汤	土豆饼 黄瓜炒虾仁 麻酱油麦菜
星期日	杂豆窝头 凉拌花生黄瓜丁 煮鸡蛋	米饭 香菇炒芥蓝 卤鸡腿	杂面馒头 红烧鲫鱼 清炒苦瓜

第3周控糖食谱

第3周控糖食谱

时间	早餐	午餐	晚餐
星期一	牛奶 豆腐包子 大豆拌芹菜	米饭 莴笋炒鸡肉 素炒西葫芦	荞麦面条 胡萝卜黄瓜炒肉丁
星期二	牛奶 全麦面包 茶叶蛋 拌豆芽	杂粮米饭 红烧鸭肉 凉拌苦瓜	金银卷 肉末炒豇豆 虾皮紫菜汤
星期三	牛奶燕麦片 凉拌黄瓜 煮鸡蛋	二米饭 蒜蒸茄子 冬瓜炖排骨	大白菜猪瘦肉水饺 海米炒青菜
星期四	无糖酸奶 韭菜饼 柚子	米饭 清炒圆白菜 清蒸鲈鱼	玉米面窝窝头 芹菜炒豆干 黄瓜鸡蛋汤
星期五	豆浆 杂粮馒头 素炒青菜	糙米饭 红烧鸡块 蒜蓉空心菜	鸡丝手擀面 大拌菜
星期六	虾皮紫菜蛋汤 烧饼 拌菠菜	米饭 多福豆腐袋 芥菜干贝汤	荞麦面条 笋片炒猪瘦肉
星期日	牛奶 全麦面包 苹果	二米饭 豆腐鱼头汤 素炒杏鲍菇	紫米发糕 双椒里脊丝 番茄鸡蛋汤

第 4 周控糖食谱

第 4 周控糖食谱

时间	早餐	午餐	晚餐
星期一	豆浆 黑米面馒头 凉拌菠菜	米饭 苦瓜炒鸡蛋 肉末豆腐小白菜	牛肉面 大拌菜
星期二	无糖酸奶 全麦面包 芹菜豆腐丁	米饭 韭菜炒虾仁 青椒肉片	玉米饼 红烧大黄鱼 蒜蓉芥蓝
星期三	苋菜饼 茶叶蛋 拌绿豆芽	米饭 青椒炒茄丝 红烧鸡块	二米饭 豆角炒肉丝 冬瓜虾皮汤
星期四	牛奶 花卷 凉拌芹菜豆干	葱花饼 白菜豆腐汤 肉丝油麦菜	大米燕麦饭 素炒苋菜 红烧鲫鱼
星期五	玉米饼 水煮鹌鹑蛋 凉拌黄瓜	米饭 清蒸鲈鱼 蚝油生菜	荞麦面条 素炒豇豆 酱牛肉
星期六	豆浆 荠菜鸡蛋包 彩椒拌花生仁	肉饼 豌豆炒虾仁 凉拌菠菜	米饭 猪瘦肉炒花菜 洋葱蘑菇汤
星期日	脱脂牛奶 杂粮面包 拌菜花腐竹	米饭 蒜苗炒猪瘦肉 凉拌番茄	红小豆米饭 竹笋炒鸡肉 蒜蓉生菜

第二章
低热量主食，吃好控血糖

主食是人体所需能量的主要来源，如果摄入不足，机体就会分解自身的蛋白质和脂肪来满足机体能量需要，从而引起代谢紊乱，还会造成主要营养素的缺失，导致营养不良。因此，糖尿病患者要科学安排主食和副食的摄入量。

营养师推荐的主食食材

谷类是每日饮食的基础。在日常饮食中，我们提倡食用部分粗粮和杂粮，糖尿病患者也是如此，宜多选用含有复合碳水化合物的食物和粗粮，尤其是富含膳食纤维的全谷类、豆类等。

玉米 469 千焦 /100 克

玉米营养丰富，其中的铬对人体内糖类的代谢有重要作用，能增强胰岛素的功能，是胰岛素的“加强剂”。

燕麦 1433 千焦 /100 克

燕麦中的膳食纤维可以减缓碳水化合物在吸收利用过程中的转运速度和效率，增加胰岛素的敏感性，延缓餐后血糖的急剧升高。

红小豆 1357 千焦 /100 克

红小豆是物美价廉的天然降血糖食物，能帮助胰岛素代谢血糖，是将葡萄糖转变成能量的“红珍珠”。

荞麦 1410 千焦 /100 克

荞麦中的某些黄酮成分、锌、维生素 E 等，具有改善葡萄糖耐量的功效。糖尿病患者适量食用荞麦，特别是苦荞麦，有助于降血糖、尿糖。

薏米 1512 千焦 /100 克

薏米中的有效物质，可修复胰岛 β 细胞并保护其免受损害，维持正常的胰岛素分泌功能，调节血糖。

黑米 1427 千焦 /100 克

黑米中含膳食纤维较多，可提高胰岛素的利用率，延缓小肠对碳水化合物和脂肪的吸收，控制餐后血糖的上升速度。

莜麦 1650 千焦 /100 克

莜麦的蛋白质含量较高。莜麦中还含有人体必需的多种氨基酸，而且氨基酸的组成较平衡。

小米 1511 千焦 /100 克

小米在北方是比较常见的，北方人经常用小米煮粥。小米的营养价值较高，含丰富的钙、磷、镁等元素，均有益于调节血糖水平。

绿豆 1376 千焦 /100 克

适量食用绿豆，对于肥胖者和糖尿病患者有辅助治疗的作用。不过绿豆性凉，脾胃虚弱者不宜多吃。

低热量健康餐

凉拌荞麦面

约 2 158 千焦[①] 热量

降糖关键点

加速糖代谢。

原料

荞麦面条 100 克，鸡蛋 1 个，橄榄油 10 克，豆瓣酱、海苔、葱各适量。

最好现拌现吃，不要放置过夜。

荞麦中的黄酮、锌、维生素 E 等成分，具有改善人体葡萄糖耐量的功效。荞麦所含的芦丁成分可降低血脂，软化血管。

"煮好的面条过一下凉开水更劲道。"

家常做法

1. 水烧开加入荞麦面条，煮 5 分钟，捞起沥干水分备用。

2. 鸡蛋煎成薄片，冷后切丝；海苔剪成细丝；葱切成葱花。

3. 另起锅烧油，加 1 勺豆瓣酱、适量清水，在锅内烧开做成淋汁。

4. 将荞麦面盛盘，加入蛋丝、海苔丝，撒上葱花，再淋上汁便可食用。

---

①本书菜谱热量为主要原料的热量，部分原料因未标明具体用量，故未计入到总热量中。提倡少油、少盐的饮食原则。另外，本书菜谱原料的用量仅供参考，糖尿病患者需根据自身情况适当添减。

柠檬鳕鱼意面

约 1 840 千焦 热量

降糖关键点

提高人体对胰岛素的敏感性。

原料

意面 100 克，鳕鱼 50 克，橄榄油 5 克，柠檬汁、洋葱、盐、蒜末、葱花各适量。

煮意面的时候可放少许橄榄油，以防意面粘连。

柠檬含糖量低，且富含维生素 C。鳕鱼富含二十碳五烯酸（EPA）和二十二碳六烯酸（DHA），能够降低血液中胆固醇、甘油三酯和低密度脂蛋白的含量。

家常做法

1. 锅中加水烧开，放入意面煮熟，捞出备用。

2. 鳕鱼加盐、柠檬汁腌渍；将鳕鱼煎熟，备用。

3. 锅中放橄榄油烧热，放入洋葱、蒜末、葱花炒香，加煮熟的意面，放少许盐翻炒。

4. 将煎好的鳕鱼、意面装盘，再淋上柠檬汁即可。

燕麦面条

约1 687 千焦 热量

降糖关键点
延缓餐后血糖上升。

原料
燕麦面100克，黄瓜丝50克，白萝卜丝50克，香油5克，葱花、盐、醋、蒜蓉、酱油各适量。

对糖尿病患者有很好的降糖、减肥功效。

燕麦的膳食纤维可以延缓糖的吸收，防止餐后血糖急剧升高。燕麦还可润肠通便，改善血液循环，预防骨质疏松。

家常做法

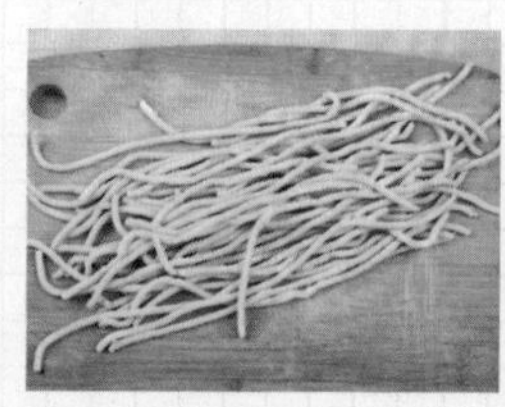

1. 将燕麦面加水制成面团，揪小一点的剂子，搓成细条。
2. 将制好的燕麦面条摆放在笼屉中，蒸熟。
3. 把蒜蓉、酱油、盐、醋、香油倒在小碗里，调成卤汁。
4. 把面条取出，装碗，放黄瓜丝、葱花、白萝卜丝，淋上卤汁，拌匀即可。

大碗烩莜面

约2 364千焦 热量

降糖关键点

延缓餐后血糖升高。

原料

鸡肉50克，莜面条100克，鸡汤200克，香油5克，葱、青椒、盐、醋、白胡椒粉各适量。

莜麦面不易消化，脾胃虚寒的人不宜多吃。

莜麦中蛋白质含量较高，含有人体必需的多种氨基酸，氨基酸的组成较平衡。莜麦中的亚油酸，有助于降低血液中的胆固醇。

“尽量选择无油的烹饪方式。”

家常做法

1. 将鸡肉放入锅中煮熟，捞出，放凉。

2. 将熟鸡肉、青椒切丝，葱切末，备用。

3. 碗中放入鸡肉丝、葱末、青椒丝、盐、醋、白胡椒粉、香油，浇入鸡汤，调匀。

4. 把莜面条煮熟，捞入大碗中，拌匀即可。

黑米面馒头

约1 470 千焦 热量

降糖关键点
提高胰岛素利用率。

原料
黑米面50克，小麦粉50克，酵母粉适量。

黑米中含膳食纤维较多，淀粉消化速度比较慢，可提高胰岛素的利用率，延缓小肠对碳水化合物和脂肪的吸收，控制餐后血糖的上升速度。适量食用后不会造成血糖的快速升高，适合作为糖尿病患者的主食。

家常做法

1. 将小麦粉、黑米面和酵母粉混合，加入水，揉成光滑的面团，发酵。
2. 将发酵好的面团取出，用手反复揉10分钟后搓成长条，切成面块。
3. 蒸锅注水，面坯摆入，盖上盖，饧发20分钟。
4. 饧发后先开大火烧15分钟，再转中火烧开蒸25分钟，再虚蒸5分钟即可。

炒莜面鱼儿

约2 217 千焦 热量

降糖关键点

延缓餐后血糖升高。

原料

莜面100克，胡萝卜100克，香菇（干）5克，植物油10克，葱花、干辣椒、姜末、盐各适量。

莜麦是一种营养价值较高的粮食作物，含有丰富的脂肪和氨基酸以及多种人体正常代谢时必需的矿物质，莜麦中还含有一些天然皂苷和多糖，这些物质对提高人体免疫力有很大好处。

家常做法

1. 将胡萝卜、泡发好的香菇洗净，切丁；莜面加水和成面团，搓成小鱼儿状。

2. 将面鱼儿平铺在蒸屉中，大火蒸8分钟，取出备用。

3. 另起锅放植物油，先炒葱花、姜末、干辣椒，再将胡萝卜丁、香菇丁倒入。

4. 翻炒均匀后放入莜面鱼儿，加入盐，炒匀装盘。

菠菜三文鱼饺子

约 1 861 千焦 热量

降糖关键点

有助于稳定血糖。

原料

三文鱼 50 克，菠菜 50 克，小麦粉 100 克，盐、胡椒粉、姜末、淀粉各适量。

三文鱼富含 Ω-3 不饱和脂肪酸和维生素 D，可改善人体的胰岛功能，减少患 2 型糖尿病的可能性，尤其适合肥胖型糖尿病患者食用。菠菜中含有较多的类胡萝卜素及铬等微量元素，并含有膳食纤维，有助于稳定血糖。

家常做法

1. 三文鱼洗净，去骨，切丁；菠菜焯水，切末，挤去多余水分。

2. 在三文鱼丁中加入盐、胡椒粉、姜末、清水、淀粉搅拌至黏稠，再加入菠菜碎末搅匀。

3. 将小麦粉加盐 2 克，与适量水混合揉成面团，做成饺子皮。

4. 用做好的三文鱼馅料包成饺子，下锅煮熟即可。

裙带菜土豆饼

约946千焦 热量

降糖关键点

有助于降血糖、降血压。

原料

裙带菜15克，土豆100克，淀粉20克，植物油5克，盐适量。

糖尿病患者要严格控制用量。

裙带菜含有的岩藻黄质，可降低血糖。其含有的褐藻胶，有降低血压、降低胆固醇、预防动脉硬化的作用。土豆可代替部分主食食用。

家常做法

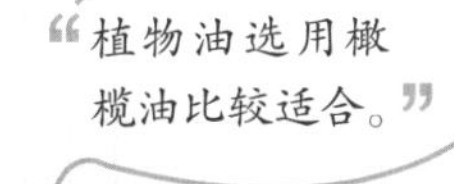

1. 裙带菜用热水烫过，切碎；土豆煮熟，去皮，压成土豆泥。

2. 在土豆泥中加入裙带菜碎和盐搅匀，做成小汉堡形状，均匀地沾上淀粉。

3. 平底锅中倒入植物油烧热。

4. 将沾上淀粉的土豆饼煎至两面金黄即可。

小米贴饼

约1 570千焦

可健脾和胃。

原料

小米80克，
黄豆粉20克，
酵母粉、盐各适量。

1. 小米中加入适量清水，浸泡至米粒膨大，沥干水分。再加清水放入豆浆机中，打成小米浆。
2. 将黄豆粉、酵母粉、盐、小米浆混合搅拌成糊。
3. 取一勺面糊倒在锅中，待一面可轻松晃动后再翻另一面烤熟。

降糖功效

小米营养价值较高，含丰富的钙、磷、镁、膳食纤维等营养素，均有益于调节血糖水平。

黑米党参山楂粥

约1 134千焦

防止餐后血糖急剧上升。

原料

山楂10克，
黑米75克，
党参适量。

1. 党参洗净，切片；山楂洗净，去核后切片；黑米淘洗干净。
2. 所有材料放入锅内，加水烧沸后，小火煮5分钟即可。

降糖功效

黑米中含膳食纤维较多，淀粉消化速度比较慢，可提高胰岛素的利用率。

升糖风险

粥不宜熬太烂，否则升糖指数会增加。

全麦饭

约1 422 千焦

富含膳食纤维。

原料

大麦20克，
荞麦20克，
燕麦20克，
小麦20克，
大米20克。

1. 将大麦、荞麦、燕麦、小麦、大米淘洗干净，浸泡2小时。

2. 将浸泡好的材料放入锅中，加适量水煮成饭即可。

降糖功效 主食讲究粗细搭配，有利于控制血糖，但一定要控制摄入量。

玉米煎饼

约1 846 千焦

富含铬，可增强胰岛素的功能。

原料

玉米面50克，
小麦粉50克，
鸡蛋1个，
盐适量，
发酵粉、植物油各适量。

1. 所有材料加适量清水搅拌成糊。

2. 面糊表面有气泡后用小火煎熟即可。

降糖功效 玉米中的铬能增强胰岛素的功能，是胰岛素的“加强剂”。

升糖风险

煎炸的主食油脂含量较高，糖尿病患者要少吃。

第三章
轻食蔬菜，降压降血糖

蔬菜包括鲜豆、根茎、叶菜等，主要提供膳食纤维、矿物质、维生素 C 和胡萝卜素。大部分的蔬菜属于低胰岛素食物，低胰岛素食物有以下 3 个特性：糖类含量低、不易消化（容易消化的食物升糖指数高）、纤维素含量高。所以蔬菜非常适合糖尿病患者食用。建议每日摄入蔬菜 300~500 克。但是，蔬菜并不是可以任意摄入的，蔬菜也含有一定的热量，比如土豆、红薯之类的蔬菜，含糖量也较高，进食蔬菜也要计入一日的总热量中。

营养师推荐的蔬菜、菌菇

大部分蔬菜中所含的碳水化合物、蛋白质和脂肪较少，能量也较低，很适合糖尿病患者食用。建议糖尿病患者每天摄入300~500克蔬菜，但进食的蔬菜也要算在每日的热量中。

苦瓜 91千焦/100克

苦瓜的维生素C含量较高，具有预防动脉粥样硬化、保护心脏等作用。苦瓜还被誉为“脂肪杀手”，能帮助降低血脂。

菜花 83千焦/100克

铬在改善糖尿病患者的糖耐量方面有很好的作用，菜花中含有铬，糖尿病患者长期适量食用，可以补充人体缺乏的铬，改善人体糖耐量。

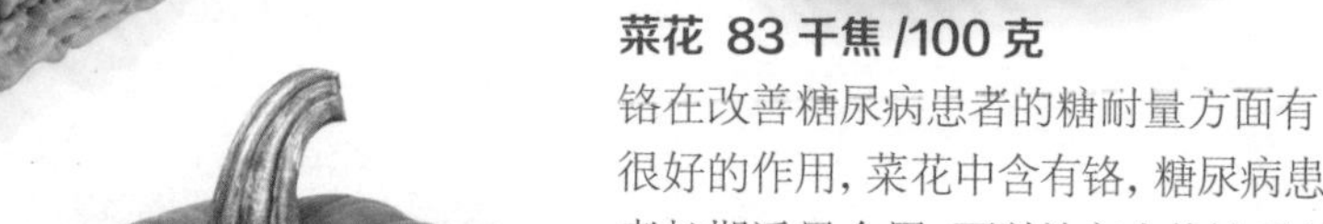

南瓜 97千焦/100克

南瓜中的钴是胰岛细胞合成胰岛素必需的微量元素。但食用较甜的南瓜要适当减少主食摄入量。

洋葱 169千焦/100克

洋葱中含有微量元素硒，可修复胰岛细胞并保护其免受损害，维持正常的胰岛素分泌功能，调节血糖。

生菜 51千焦/100克

生菜富含钾、钙、铁等矿物质，热量非常低，可以帮助降血糖，延缓餐后血糖升高。

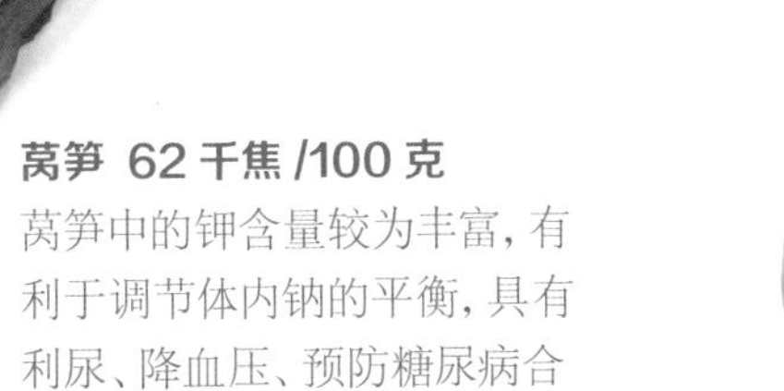

莴笋 62 千焦 /100 克

莴笋中的钾含量较为丰富，有利于调节体内钠的平衡，具有利尿、降血压、预防糖尿病合并并发症的作用。

番茄 62 千焦 /100 克

番茄热量低，还含有丰富的胡萝卜素、番茄红素、B 族维生素和维生素 C，适合糖尿病患者食用。

黄瓜 65 千焦 /100 克

黄瓜热量低，含水量高，富含维生素 C，非常适合糖尿病患者当加餐食用。

木耳（水发） 112 千焦 /100 克

木耳味道鲜美，富含铁和膳食纤维，能益气强身，具有活血功效，并可防治缺铁性贫血等。

紫甘蓝 106 千焦 /100 克

紫甘蓝中的花青素可以帮助抑制血糖上升，还可以提高胰岛素活性。

香菇 107 千焦 /100 克

香菇中的有益成分，具有降低血脂、保护血管的功能。它还含有丰富的膳食纤维。

西蓝花 111 千焦 /100 克

西蓝花含有铬，能帮助糖尿病患者提高胰岛素的敏感性，起到控制病情的作用。

低糖健康餐

豆腐干拌大白菜

约 763 千焦 热量

降糖关键点
热量低，延缓餐后血糖上升。

原料
豆腐干 50 克，白菜 200 克，盐 2 克，香油 5 克。

腹泻者尽量少吃。

白菜热量低，所含膳食纤维有利于肠道蠕动和废物排出，可以延缓餐后血糖上升，是预防糖尿病和肥胖症的理想食物。白菜搭配肉片或者豆腐等，可使营养素相互补充。

“豆腐干本身已含盐，烹饪时应控制用盐量。”

家常做法

1. 豆腐干洗净，用开水浸烫后捞出，切丁。

2. 白菜洗净，焯水，在冷开水中浸凉，沥净水分，切成小片。

3. 将豆腐干碎丁和白菜小片装入盘内。

4. 加入盐，淋上香油，拌匀即可。

韭薹炒蚕豆

约 773 千焦 热量

降糖关键点

有助于降低血糖、尿糖。

原料

韭薹 200 克，鲜蚕豆 100 克，葱段、植物油、盐、料酒各适量。

阴虚火旺者不宜多吃韭薹，因为韭薹不易消化且容易上火。

韭薹粗纤维含量多，并且含维生素 C、胡萝卜素。韭薹所含的挥发油和含硫化合物，以及钙、镁、硒、锌等矿物质元素，具有促进血液循环和降脂、降糖的作用。经常食用韭薹，有助于降低血糖、尿糖，并改善糖尿病的症状。

家常做法

1. 韭薹洗净，切成段；蚕豆洗净；二者装盘备用。

2. 炒锅加植物油烧热后，将葱段、蚕豆下锅，加料酒大火翻炒。

3. 在锅中加适量清水，继续翻炒。

4. 将切好的韭薹段全部放入锅中，加盐，炒熟盛盘即可。

木耳白菜

约 220 千焦 热量

降糖关键点
热量低，富含膳食纤维。

原料
水发木耳50克，白菜200克，植物油、水淀粉、花椒粉、葱段、盐、酱油、葱花各适量。

木耳中含有的多糖对提升胰岛素降糖活性有明显作用。白菜中的维生素，能够清除糖尿病患者糖代谢过程中产生的自由基，帮助防治糖尿病。

家常做法

1. 水发木耳洗净；白菜去菜叶，洗净，将菜帮切成小斜片。

2. 炒锅放植物油，加花椒粉、葱段炝锅。

3. 下白菜煸炒至油润透亮。

4. 放入木耳，加酱油、盐煸炒；快熟时，用水淀粉勾芡出锅，撒上葱花即可。

圆白菜炒青椒

约 523 千焦 热量

降糖关键点

调节血脂、血糖。

原料

圆白菜 100 克，胡萝卜 25 克，青椒 25 克，橄榄油 10 克，水淀粉、盐、姜、蒜、葱各适量。

色、香、味俱全的一道素食，适合糖尿病患者常食。

人体内铬的含量不足会导致胰岛素活性降低，使糖耐量受损，引发糖尿病。圆白菜含有铬，对血糖、血脂有调节作用，糖尿病患者和肥胖患者可经常食用。

家常做法

“圆白菜从外层按顺序剥开。”

1. 圆白菜洗净，撕成片；青椒、胡萝卜分别洗净，切片；葱、姜、蒜切细末。

2. 锅中加橄榄油烧热后，放入葱、姜、蒜末炒香。

3. 把青椒片倒入快速翻炒，再把胡萝卜片、圆白菜片放入一起炒熟。

4. 出锅前放入盐调味，并用水淀粉勾芡。

炒二冬

约 520 千焦 热量

降糖关键点
具有减肥、降脂的功效。

原料
冬瓜 200 克，冬菇（干）5 克，植物油 10 克，葱、姜、盐、水淀粉各适量。

冬瓜含有的有益成分能抑制淀粉、糖类转化为脂肪，防止体内脂肪堆积，并且热量很低，尤其适合糖尿病、高血压、冠心病患者食用。冬瓜润肠通便，可辅助治疗糖尿病并发便秘。

“冬瓜富含膳食纤维。”

家常做法

1. 冬瓜洗净去皮，切小块；冬菇泡发，切成薄片，焯水；葱、姜切丝备用。

2. 锅内放植物油烧至五成热，放入葱丝、姜丝煸炒出味。

3. 下入冬瓜块、冬菇片，翻炒片刻，加盐调味。

4. 出锅前用水淀粉勾芡即可。

白灼芥蓝

约572千焦 热量

降糖关键点

减轻胰岛细胞的负担。

原料

芥蓝200克，植物油10克，葱、姜、蒜、生抽各适量。

芥蓝含有丰富的膳食纤维，适量食用能延缓食物中糖类的吸收，降低胰岛素需求量，减轻胰岛细胞的负担，促进胰岛素与受体的结合，起到降低餐后血糖的作用。

家常做法

“芥蓝应该多焯一会儿，防止不熟。”

1. 芥蓝洗净、切段后放入开水中焯熟，摆盘。

2. 将葱、姜、蒜切末。

3. 锅内放植物油，将葱末、姜末、蒜末倒入锅中爆香，再放入生抽调汁。

4. 将调味汁倒在芥蓝段上即可。

鸡汤黄豆芽

降糖关键点

富含膳食纤维，减少对糖分的吸收。

原料

黄豆芽 200 克，鸡汤 100 克，橄榄油 8 克，盐、蒜各适量。

黄豆芽所含的 B 族维生素，有利于能量在体内的代谢。黄豆芽含有的膳食纤维能减少消化系统对糖分的吸收，延缓餐后血糖上升。

“可帮助糖尿病患者控制体重。”

家常做法

1. 黄豆芽洗干净，沥干备用，蒜切片。

2. 热锅内放橄榄油，放蒜片爆香。

3. 倒入洗净的黄豆芽翻炒片刻，倒入鸡汤，再翻炒。

4. 待豆芽变透明状，加盐翻炒均匀即可。

姜汁豇豆

约 309 千焦 热量

降糖关键点

含有烟酸，是天然的血糖调节剂。

原料

长豇豆 200 克，鲜姜 20 克，香油、醋、盐各适量。

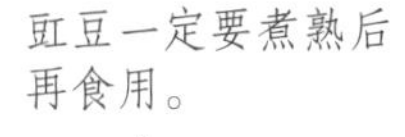

豇豆中含有烟酸，是天然的血糖调节剂。姜黄素是姜中的主要活性成分，能降低血糖，减少糖尿病并发症。姜能激活肝细胞，缓解糖尿病性、酒精性脂肪肝。

家常做法

“豇豆宜选择豆条粗细均匀、籽粒饱满的。”

1. 长豇豆洗净，去两端，切成约 6 厘米长的段。

2. 将豇豆段放入沸水锅中焯熟捞起。

3. 鲜姜去皮，剁成姜末，和醋调成姜汁。

4. 将豇豆段、姜汁、盐倒入碗中，淋上香油，拌匀后装盘即可。

约 499 千焦 热量

降糖关键点

热量低，含丰富的膳食纤维。

原料

白菜 150 克，植物油 10 克，蒜末、盐、干辣椒、醋各适量。

白菜热量低，膳食纤维和维生素、矿物质含量丰富，且升糖指数较低，非常适合“三高”人群食用，但是要注意烹饪过程中要少油少盐。

家常做法

“也可先把白菜横向切成块。”

1. 白菜洗净，用手撕开，备用。

2. 锅内倒入适量植物油，放入干辣椒、蒜末煸炒。

3. 出香味后放入白菜，炒至七成熟。

4. 倒入醋、盐，炒匀后出锅即可。

紫甘蓝山药

约 226 千焦 热量

降糖关键点

降血糖，消暑止渴。

原料

山药 50 克，紫甘蓝 100 克，桂花、木糖醇各适量。

此菜可补肾健脾。

山药升糖指数比较低，且饱腹感强，是糖尿病患者的优选蔬菜。但山药含淀粉较高，不宜大量食用。紫甘蓝脂肪含量和热量不高，含有丰富的碳水化合物和膳食纤维，可清肠排毒，非常适合肥胖型的糖尿病患者食用。

家常做法

1. 将山药洗净，上锅蒸熟。蒸熟后晾凉将皮刮掉，切成长条状。

2. 将紫甘蓝洗净，切碎，用榨汁机将其打成汁，放入木糖醇。

3. 将山药放入紫甘蓝汁内浸泡 1~2 小时至均匀上色。

4. 山药码盘后撒上桂花即可。

青椒土豆丝

约 796 千焦 热量

降糖关键点
降低血糖和尿糖。

原料
青椒 100 克，土豆 100 克，植物油 10 克，盐适量。

青椒中含有的硒，能降低血糖，改善糖尿病患者的症状。青椒中的硒还能改善脂肪等物质在血管壁上的沉积，降低动脉硬化等血管并发症的发生率。土豆有健脾补气和镇静神经的功效，与青椒一起吃，可起到营养互补的功效。

家常做法

1. 土豆切丝，放在水中浸泡，入锅前从水中捞出沥干。

2. 青椒切丝。

3. 锅中倒植物油，待油热后放青椒丝煸炒出香味，再倒入土豆丝翻炒至熟。

4. 加盐炒匀即可。

苦瓜炒胡萝卜

约 600 千焦 热量

降糖关键点

抗氧化，保护胰岛细胞。

原料

苦瓜 100 克，胡萝卜 100 克，植物油 10 克，葱花、盐各适量。

胡萝卜可保护视力、抗过敏。

苦瓜的提取物中有一种类胰岛素的物质，能降低血糖，明显改善患者临床症状，故被称为“植物胰岛素”。胡萝卜含有丰富的胡萝卜素，可帮助降血糖、降血压。

家常做法

1. 苦瓜洗净，纵向切成两半，去瓤，切片。

“胡萝卜也可不削皮。”

2. 胡萝卜削皮洗净，切成薄片。

3. 锅内加植物油烧热，放入苦瓜片和胡萝卜片，大火快炒 5 分钟。

4. 加入盐，转中火炒匀即可盛出，撒上葱花即可。

青椒玉米

热量

降糖关键点

降低血糖和尿糖。

原料

鲜玉米粒100克，青椒50克，植物油 10 克，盐适量。

青椒可促消化，炒青椒时要大火快炒，以免营养流失。

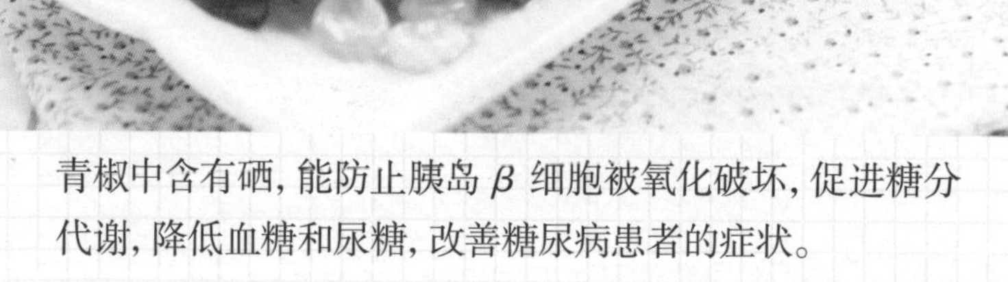

青椒中含有硒，能防止胰岛 β 细胞被氧化破坏，促进糖分代谢，降低血糖和尿糖，改善糖尿病患者的症状。

“青椒也可换成彩椒。”

家常做法

1. 将鲜嫩玉米粒洗净沥干。

2. 青椒去蒂洗净，切成约 5 厘米长的段。

3. 将锅置微火上，放入青椒段炒蔫铲出。

4. 将玉米粒入锅炒至断生；下植物油，加青椒段、盐炒匀起锅即可。

凉拌莴笋丝

约 562 千焦 热量

降糖关键点

改善血糖代谢。

原料

莴笋 300 克，香油 10 克，红辣椒丝、辣椒油、蒜末、盐、醋各适量。

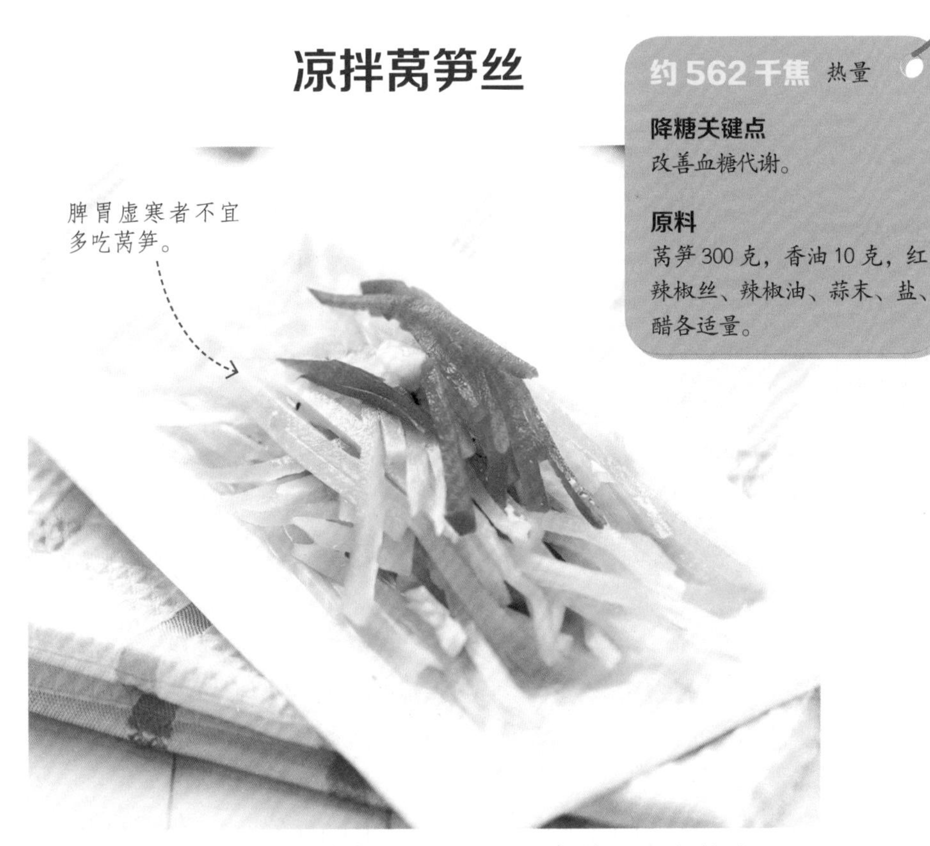

脾胃虚寒者不宜多吃莴笋。

莴笋中矿物质、维生素含量较丰富，尤其是含有较多的烟酸，烟酸是胰岛素的激活剂。糖尿病患者经常吃些莴笋，可改善血糖代谢。

家常做法

“切好的莴笋丝不宜焯水，以免影响口感。”

1. 莴笋洗净切丝，加盐略腌，出水后，把水挤净，放入盘中。

2. 往盘中加入香油、盐。

3. 按个人口味加入适量醋、辣椒油和蒜末。

4. 加入红辣椒丝配色即可。

土豆拌海带丝

约 254 千焦 热量

降糖关键点
改善糖耐量。

原料
鲜海带 150 克，土豆 50 克，蒜、醋、盐、辣椒油各适量。

把海带散开，放在蒸笼里蒸半个小时，再用水冲洗，既嫩又脆。

海带中的海带多糖能改善糖尿病患者的糖耐量，对胰岛细胞有保护作用。海带中的优质蛋白质和不饱和脂肪酸对糖尿病和高血压有一定的防治作用。

“海带可先蒸熟再洗，洗得更干净。”

家常做法

1. 蒜去皮，洗净剁成末；鲜海带洗净后切成丝，放入沸水锅中焯水。

2. 土豆洗净，去皮后切成丝，放入沸水锅中焯一下。

3. 蒜末、醋、盐和辣椒油同放一碗内调成调味汁。

4. 将调味汁浇入土豆丝和海带丝中，拌匀即可。

苦瓜芦笋

约 130 千焦 热量

降糖关键点

降血糖，提高免疫力。

原料

苦瓜 100 克，芦笋 50 克，蒜末、盐、植物油各适量。

芦笋嘌呤含量高，痛风和尿酸代谢异常者不宜食用。

常吃芦笋有降低血糖的作用。芦笋中的铬含量高，这种微量元素可以调节血液中脂肪与糖分的浓度。苦瓜的提取物中有一种类胰岛素的物质，能降低血糖。

家常做法

1. 苦瓜洗净，切片；芦笋洗净，切斜段。

2. 将苦瓜片、芦笋段分别焯一下，放入冷水中冷却，捞出沥干水分。

3. 锅内放入植物油烧热，爆香蒜末，放入苦瓜片和芦笋段翻炒。

4. 加入盐翻炒片刻，待菜炒熟，装盘即可。

清炒空心菜

约 154 千焦 热量

降糖关键点
稳定血糖。

原料
空心菜 200 克，葱花、蒜末、盐、植物油、香油各适量。

空心菜含有胰岛素样成分，有助于人体更好地控制血糖，稳定血糖。其所含槲皮素的抗氧化能力很高，可有效清除血管中的自由基，保持血管的畅通与弹性。它还含有大量的钾离子，有助于降低血压。

家常做法

1. 将空心菜择洗干净，沥干水分。

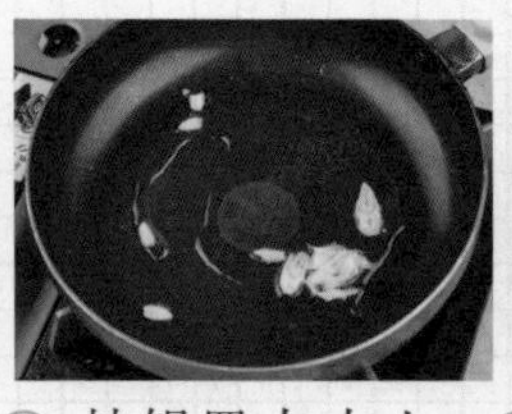

2. 炒锅置大火上，加植物油烧至七成热时，放入葱花、蒜末炒香。

3. 下空心菜炒至刚断生，加盐翻炒。

4. 淋香油，装盘即可。

香菇炒芹菜

约 464 千焦 热量

降糖关键点

富含硒，有助于降低血糖。

原料

香菇 50 克，芹菜 200 克，植物油 8 克，水淀粉、酱油、盐、姜各适量。

此菜可补气益胃，解毒降压。

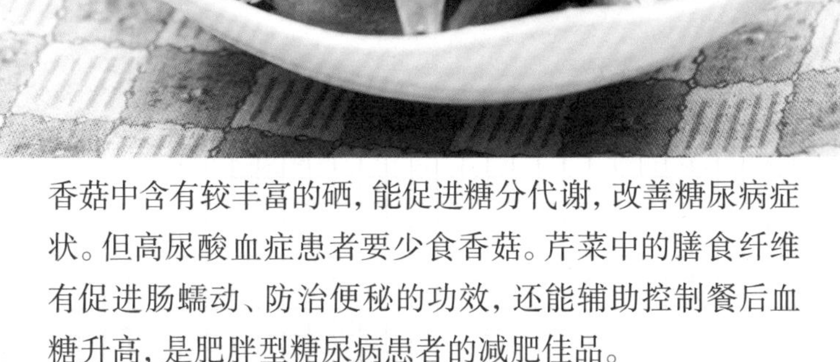

香菇中含有较丰富的硒，能促进糖分代谢，改善糖尿病症状。但高尿酸血症患者要少食香菇。芹菜中的膳食纤维有促进肠蠕动、防治便秘的功效，还能辅助控制餐后血糖升高，是肥胖型糖尿病患者的减肥佳品。

“煸炒时间不宜过久。”

家常做法

1. 香菇洗净后切片；芹菜择洗干净，斜切成段；姜切丝。

2. 将香菇片、芹菜段同入沸水锅中焯透，捞出，控干水分。

3. 炒锅烧热，放植物油、姜丝爆香，下香菇片、芹菜段煸炒。

4. 加酱油、盐，用水淀粉勾芡，翻炒均匀，出锅盛入盘内即可。

凉拌紫甘蓝

约294
千焦

降血糖，消暑止渴。

原料

紫甘蓝100克，
香油5克，
醋、蒜末、生抽、盐、香菜碎各适量。

1. 紫甘蓝洗净，控干，切成细丝，放在碗中备用。
2. 加入醋、蒜末、生抽、盐、香油拌匀，撒上香菜碎点缀即可。

降糖功效

紫甘蓝热量低，含有丰富的膳食纤维，非常适合肥胖型的糖尿病患者食用。

番茄酱拌西蓝花

约275
千焦

提高胰岛素的敏感性。

降糖功效

西蓝花富含膳食纤维，而且含有微量元素铬，铬能帮助糖尿病患者提高胰岛素的敏感性，减少胰岛素的需要量。

原料

西蓝花200克，
番茄酱15克。

1. 将西蓝花洗净，切好，焯熟，摆入盘中。
2. 在西蓝花上淋上番茄酱，搅拌均匀即可。

升糖风险

通常番茄酱中都有糖，要控制用量。

莴笋炒山药

约248 千焦

改善血糖代谢。

原料

山药50克，
莴笋100克，
胡萝卜50克，
盐、胡椒粉、
植物油各适量。

1. 将山药、莴笋、胡萝卜分别洗净，去皮，切长条。

2. 将山药条、莴笋条、胡萝卜条用水焯一下。锅内放入植物油烧热，放入所有原料，加盐、胡椒粉炒匀即可。

降糖功效 山药、莴笋都是含钾丰富的食物。莴笋中含有较多的烟酸。烟酸是胰岛素的激活剂。

芹菜豆腐干

约821 千焦

降糖、降压、降脂。

原料

芹菜200克，
豆腐干50克，
植物油8克，
香菜叶、葱花、
盐各适量。

1. 芹菜洗净，切成约3厘米长条；豆腐干切同样大小。

2. 锅内放植物油烧热，加入葱花爆香，放入豆腐干和芹菜条翻炒。加盐调味，出锅盛盘，加入香菜叶点缀即可。

降糖功效 芹菜是高膳食纤维食物，能改善糖尿病患者细胞的糖代谢。

升糖风险 豆腐干热量不低，要适量食用。

此菜有助于降血脂、减肥。

凉拌马齿苋

约234 千焦

调节人体糖代谢。

原料

马齿苋200克，
蒜末、红辣椒碎、
生抽、盐、醋、
香油各适量。

1. 将马齿苋洗净、焯水，挤掉多余水分，剁碎装盘。
2. 将蒜末、红辣椒碎、盐、生抽、醋、香油倒入盘中拌匀即可。

降糖功效

马齿苋含有的特殊物质，能促进胰腺分泌胰岛素，调节人体糖代谢，对降低血糖浓度、保持血糖稳定有辅助作用。

蒜姜拌菠菜

约232 千焦

有助于血糖稳定。

原料

菠菜200克，
姜、蒜、香油、
白芝麻、盐、
醋各适量。

1. 菠菜洗净，切段，焯水捞出。蒜、姜切末。
2. 将蒜末、姜末、香油、白芝麻、盐、醋调汁，淋在菠菜段上即可。

降糖功效

菠菜中含有丰富的胡萝卜素、铁、钾、镁等微量营养素，有助于稳定血糖。

菠菜可润肠通便、补铁补血。

黄花菜炒黄瓜

约309 千焦

热量低，含水量高。

原料

黄花菜20克，
黄瓜200克，
植物油、盐各适量。

1. 黄瓜洗净，切片；黄花菜去硬梗，漂洗干净，焯水，捞出沥水。

2. 锅放火上，倒入植物油烧热。倒入黄花菜、黄瓜片，快速翻炒至熟透时加盐调味即可。

降糖功效

黄瓜热量低、含水量高，非常适合糖尿病患者食用。

凉拌苦瓜

约279 千焦

有助于降低血糖。

原料

苦瓜100克，
香油5克，
醋、蒜末、
生抽、盐各适量。

1. 苦瓜洗净，切成片，放在碗中备用。

2. 加入醋、蒜末、生抽、盐、香油拌匀即可。

降糖功效

苦瓜的提取物中有一种类胰岛素的物质，能降低血糖，被称为“植物胰岛素”。长期适量食用苦瓜可以减轻人体胰岛器官的负担。

拍黄瓜

约 285 千焦

抑制糖类转变为脂肪。

原料

黄瓜 150 克，
香油 5 克，
醋、蒜泥、
盐各适量。

1. 黄瓜洗净，擦干表面水分。

2. 把黄瓜用刀背拍扁，切成适宜入口的大小，加入盐、醋、蒜泥、香油拌匀即可。

降糖功效

黄瓜热量低，含水量高，非常适合糖尿病患者食用。黄瓜中所含的糖分很低，故对血糖影响较小。

蒜泥茄子

约 154 千焦

富含维生素 P。

原料

长茄子 200 克，
蒜、红椒、葱、
盐、醋、酱油、
芝麻酱各适量。

1. 蒜、红椒分别洗净切碎；葱切成葱花；茄子蒸熟后切成条状盛盘。

2. 芝麻酱加水调匀，放入蒜末、盐、醋、酱油拌匀，倒在茄子条上，用红椒碎、葱花点缀即可。

降糖功效

茄子富含维生素P，能增强细胞间的黏着力，对微血管有保护作用；蒜中硒含量较多，对人体胰岛素的合成有一定的促进作用。

此菜含有丰富的矿物质，对糖尿病患者有益。

虾皮海带丝

约 453 千焦

富含碘，热量低。

原料

海带丝 200 克，
虾皮 10 克，
红椒 20 克，
土豆 20 克，
香油 5 克，
姜、盐各适量。

1. 红椒洗净，切丝；土豆洗净，去皮切丝；姜洗净，切细丝；虾皮洗净。

2. 将海带丝、土豆丝煮熟，捞出，待凉后将姜丝、虾皮及红椒丝撒入，加盐、香油拌匀即可。

降糖功效

海带含有丰富的铁、镁、钾、碘等矿物质，糖含量低，是典型的低升糖指数食物，有助于控制血糖。

蜇皮金针菇

约 405 千焦

调节血糖。

原料

海蜇皮 100 克，
金针菇 200 克，
胡萝卜、小黄瓜、
红椒、蒜、盐、醋、
香油各适量。

1. 红椒、胡萝卜、小黄瓜洗净切丝；蒜切末。金针菇焯烫至熟；海蜇皮切丝。

2. 所有材料一起放入大碗中，调入盐、醋和香油拌匀即可。

降糖功效

金针菇中含有较多的锌，锌参与胰岛素的合成与分泌，进而可调节血糖。

糖尿病患者也可用金针菇煮汤饮用。

山药枸杞煲苦瓜

热量

降糖关键点

控制血糖。

原料

猪瘦肉 50 克，苦瓜 100 克，山药 50 克，植物油 5 克，枸杞子、盐、白胡椒粉、葱、姜、鸡汤各适量。

此菜能减缓餐后血糖升高，提高糖耐量。

苦瓜含一种类胰岛素物质，有明显的降血糖作用；山药与苦瓜同食具有降血糖的功效；枸杞子含有的有效成分，能增强 2 型糖尿病患者对胰岛素的敏感性，降低血糖水平。

“大便燥结者不宜食用山药。”

家常做法

1. 山药去皮，洗净切片；苦瓜、猪瘦肉切片；葱、姜切末。

2. 锅中放植物油烧至温热，放入肉片、葱末、姜末一起煸炒。

3. 炒出香味后加适量鸡汤，放入山药片、枸杞子以及各种调料，大火煮。

4. 水开后改用中火煮，10 分钟后再放入苦瓜片稍煮即可。

香菇油菜

约 173 千焦 热量

降糖关键点

降血压，调节血脂。

原料

香菇 50 克，油菜 150 克，水发木耳 30 克，植物油、姜、盐各适量。

香菇嘌呤含量较高，痛风患者不宜多吃。

香菇中含有较丰富的硒和多糖，能降低血糖，改善糖尿病症状；还含有丰富的膳食纤维，经常食用能降低血液中的胆固醇。油菜不但是低碳水化合物蔬菜，还含有大量膳食纤维。

家常做法

“若用干香菇，需浸泡 5~10 分钟。”

1. 香菇、水发木耳分别洗净，切片；姜切末。

2. 油菜洗净，从中间切开，根部和叶子分开放置。

3. 油锅烧热，放姜末炒香，放木耳片、香菇片翻炒，再放入油菜根部翻炒。

4. 放盐调味，放油菜叶，稍微翻炒几下即可。

太极蓝花

约 194 千焦 热量

降糖关键点
低升糖指数，低脂。

原料
西蓝花 100 克，菜花 100 克，植物油、水淀粉、盐各适量。

西蓝花、菜花富含水分，热量低，含有大量的膳食纤维，还含有丰富的维生素和矿物质，是糖尿病患者理想的健康蔬菜。

家常做法

1. 西蓝花、菜花洗净，切成小朵，分别用沸水焯一下，备用。

2. 锅内倒入植物油，放入西蓝花翻炒片刻，用盐调味。

3. 用水淀粉勾芡，取出装盘。

4. 用同样的方法再将菜花炒熟，码在西蓝花上面即可。

蒜蓉生菜

约 478 千焦 热量

降糖关键点

控制餐后血糖上升速度。

原料

生菜 200 克，植物油 10 克，蒜、盐各适量。

热量低，糖尿病患者可常吃。

生菜中富含钙、钾、铁等矿物质和膳食纤维，有助于降血糖，减缓餐后血糖上升。同时，其中富含的膳食纤维和维生素能消除体内多余脂肪，对糖尿病并发肥胖患者大有裨益。

“胃寒的人少食生菜。”

家常做法

1. 生菜用流水冲洗，减少农药残留，拣好，洗净沥干。

2. 蒜洗净，拍扁切碎。

3. 油锅烧热，爆香蒜蓉，倒入生菜快炒。

4. 加盐炒匀即可。

山楂汁拌黄瓜

约 343 千焦 热量

降糖关键点
低升糖指数，低热量。

原料
小嫩黄瓜 200 克，山楂 50 克。

肠胃寒凉者慎食。

山楂能活血通脉，降低血脂，抗动脉粥样硬化，有预防糖尿病血管并发症的作用；黄瓜的热量较低，对控制血糖非常有益。

家常做法

“也可将山楂加水在榨汁机中打成稀糊状。”

1. 先将小嫩黄瓜用清水洗净，然后切成条状。

2. 山楂洗净，放入锅中加水 200 毫升，煮约 15 分钟，取汁液 100 毫升。

3. 黄瓜条放入锅中加水略焯，捞出盛盘。

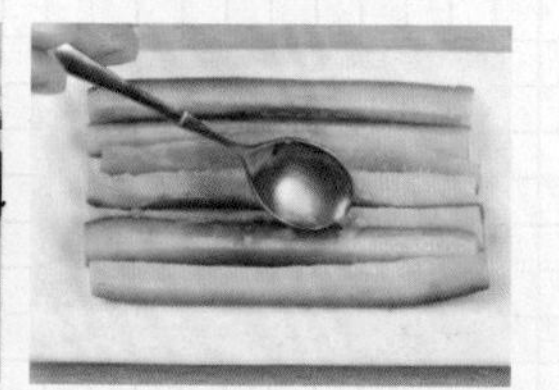

4. 山楂汁在小火上慢熬至浓稠，倒在黄瓜条上拌匀即可。

清炒苋菜

约 373 千焦 热量

降糖关键点

改善糖耐量。

原料

苋菜 150 克，植物油 5 克，蒜、盐各适量。

苋菜富含膳食纤维，常食可减肥轻身、促进排毒、缓解便秘。

苋菜含有镁、铁、钾和维生素 C，有助于控制血糖。苋菜富含易被人体吸收的钙质，对牙齿和骨骼的生长可起到促进作用，并能维持正常的心肌活动，防止肌肉痉挛，预防骨质疏松。

家常做法

1. 将苋菜去老梗，洗净；蒜去皮，拍碎。

2. 直接将苋菜与拍碎的蒜放入锅中，以中火将苋菜煸萎。

3. 顺锅边倒入植物油，翻炒均匀。

4. 加盐调味，以中小火将苋菜再炒七八分钟，使其汁液完全渗出即可。

香菇烧竹笋

约 201 千焦 热量

降糖关键点
维持餐后血糖平稳。

原料
香菇（干）5 克，竹笋 150 克，水淀粉、酱油、姜、蒜、盐、植物油各适量。

香菇中含有较丰富的硒，能降低血糖，改善糖尿病症状。竹笋含有丰富的膳食纤维，可延缓胃肠排空时间，使餐后血糖平稳。

“香菇、竹笋焯水后需控干。”

家常做法

1. 泡发的香菇洗净泥沙后切成两半；竹笋切成片状；姜、蒜切片。

2. 把竹笋片、香菇块用水焯一下。

3. 植物油烧热，下姜片、蒜片煸炒后再放竹笋片、香菇块翻炒；放入酱油翻炒均匀。

4. 倒入少量水，盖上盖，改中火，待汁快收完时，勾水淀粉入锅中，加盐翻炒均匀即可。

素烧茄子

约 190 千焦 热量

降糖关键点

延缓餐后血糖升高。

原料

圆茄子 200 克，植物油、葱、姜、盐、高汤各适量。

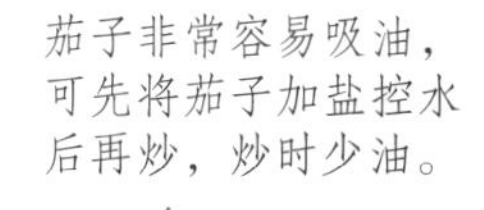

茄子是一种营养价值很高的蔬菜，脂肪和热量较低，适合糖尿病患者食用。茄子富含维生素 P，维生素 P 能增强细胞间的黏着力，对微血管有保护作用，能提高人体对疾病的抵抗力。

家常做法

1. 圆茄子去皮切成约 2 厘米见方的块，放盐控水；葱、姜洗净切丝。

2. 锅内放植物油烧热，放葱丝、姜丝炝锅。

3. 放入茄子块和少许高汤，炒熟。

4. 加入盐翻炒，出锅即可。

双耳炒黄瓜

约551千焦 热量

降糖关键点

增强胰岛素活性。

原料

木耳（干）5克，银耳（干）5克，黄瓜100克，植物油10克，葱、姜、盐各适量。

木耳、银耳可增强胰岛素降糖活性，还能增强糖尿病患者的体质和抗病能力。黄瓜热量低，含水量高，非常适合糖尿病患者。黄瓜中所含的糖分很低，故对血糖影响较小。

家常做法

“用热水泡发银耳，40分钟左右即可。”

1. 银耳、木耳分别泡发，焯水后切片，沥干。

2. 黄瓜洗净切片；葱、姜切丝备用。

3. 锅置火上，倒植物油烧热，放葱丝、姜丝炒香，放入银耳、木耳翻炒。

4. 放入黄瓜片，加盐炒熟即可。

双菇豆腐

约 717 千焦 热量

降糖关键点

降低血脂，保护血管。

原料

北豆腐 100 克，香菇 50 克，草菇 50 克，冬笋 50 克，青椒 50 克，水淀粉、葱、姜、盐、植物油各适量。

草菇所含淀粉量很少，并能减慢人体对碳水化合物的吸收，是糖尿病患者的理想食物。香菇中含有较丰富的硒，能降低血糖，改善糖尿病症状。双菇豆腐清淡咸香，蛋白质含量较高，营养丰富，是糖尿病患者的佳肴。

家常做法

1. 香菇、草菇、冬笋洗净切片；青椒洗净切丝；葱、姜切丝。

2. 将北豆腐切丁，待锅中水烧开后加盐，下入豆腐丁焯烫，捞出备用。

3. 油锅烧热，下葱丝、姜丝煸香，依次加入香菇片、冬笋片、草菇片翻炒。

4. 放入北豆腐丁，加清水烧制片刻；加盐、青椒丝，淋水淀粉勾芡即可。

火腿魔芋丝

约 314 千焦 热量

降糖关键点

降血脂，控制血糖。

原料

魔芋 200 克，火腿 10 克，植物油、水淀粉、葱、姜、盐各适量。

糖尿病患者也可不放火腿。

魔芋是高水分、高膳食纤维的食物，膳食纤维能帮助延缓葡萄糖进入血液，降低身体对葡萄糖的吸收，从而调节身体血糖。其所含的葡甘露聚糖，可吸收胆固醇，有效降低血脂。

家常做法

1. 魔芋洗净切丝，火腿切丝。

2. 葱、姜洗净，分别切丝备用。

3. 锅内倒植物油烧热，放入葱丝、姜丝、火腿丝炒香。

4. 加入魔芋丝、盐，炒入味，用水淀粉勾芡即可。

烧平菇

约503千焦 热量

降糖关键点

富含膳食纤维。

原料

平菇200克，植物油8克，葱、姜、酱油各适量。

平菇含有丰富的膳食纤维，常食用可降低血液中的胆固醇，防止血管硬化。

家常做法

1. 平菇去杂质，洗净；葱切小段，姜块拍松。

2. 炒锅放植物油烧热，放入葱段、姜块炒香。

3. 放入平菇，加酱油和适量水，烧沸后小火焖10分钟，大火收汁。

4. 平菇盛出装盘，浇上锅中汤汁即可。

煎番茄

热量

降糖关键点

热量低，预防心血管疾病。

原料

番茄 200 克，植物油 8 克，面包粉、熟芹菜末各适量。

番茄中含有果酸，能降低胆固醇，对糖尿病并发高脂血症有益处。

番茄热量低，含有胡萝卜素、B 族维生素和维生素 C，其番茄红素的含量非常高；还有抗血小板凝结的作用，可降低 2 型糖尿病患者由于血小板的过分黏稠而发生心血管并发症的风险。

家常做法

“焯烫前可以用刀在番茄上画十字。”

1. 将面包粉放入平底锅内，烤成焦黄色。

2. 番茄用开水焯烫一下，剥去皮，切成薄片。

3. 油锅烧热，放入番茄片煎至两面焦黄，盛入小盘。

4. 撒上面包粉、熟芹菜末即可。

凉拌豇豆

约 458 千焦 热量

降糖关键点

促进胰岛素分泌。

原料

豇豆200克，香油5克，蒜末、醋、盐各适量。

气滞便结者慎食豇豆，以免腹胀。

豇豆所含的磷脂有促进胰岛素分泌、加强糖代谢的作用。豇豆中还含有烟酸，是天然的血糖调节剂。豇豆中含有多种维生素，其中维生素 C 的含量比较高，能促进人体抗体的合成，增强抵抗力，让人体保持健康状态。

家常做法

1. 豇豆洗净，去两端，切成约 6 厘米长的段。

2. 将豇豆段放入沸水汤锅中焯熟捞起，晾凉。

3. 将豇豆倒入盘中，加入蒜末。

4. 加适量醋、盐、香油，拌匀即可。

秋梨三丝

约 421 千焦 热量

降糖关键点
降血糖，稳定血压。

原料
海蜇头 50 克，秋梨 100 克，芹菜 100 克，香油、盐各适量。

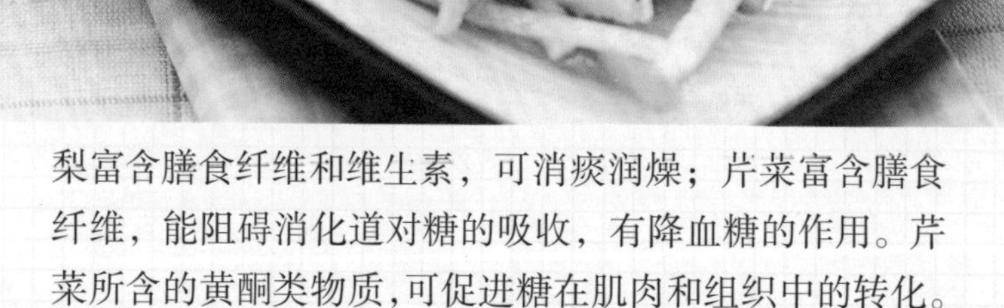

秋天食用此菜可缓解秋燥。

梨富含膳食纤维和维生素，可消痰润燥；芹菜富含膳食纤维，能阻碍消化道对糖的吸收，有降血糖的作用。芹菜所含的黄酮类物质，可促进糖在肌肉和组织中的转化。

家常做法

“好的海蜇头呈黄色或棕黄色。”

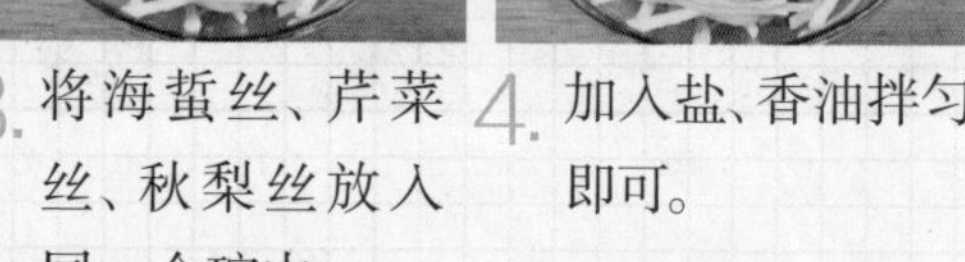

1. 海蜇头用水泡 3 个小时后洗净，切细丝。
2. 芹菜、秋梨洗净，均切细丝。
3. 将海蜇丝、芹菜丝、秋梨丝放入同一个碗中。
4. 加入盐、香油拌匀即可。

素烧冬瓜

约 86 千焦 热量

降糖关键点

有减肥、降脂的功效。

原料

冬瓜 200 克，清汤、植物油、葱、水淀粉、姜、盐各适量。

冬瓜中含有的有益物质，可以有效地抑制糖类转化为脂肪。冬瓜不仅含糖量低，而且富含维生素 B_1、维生素 B_2 及维生素 C，这些都有利于血糖控制。

家常做法

1. 冬瓜去皮后切成约 2 厘米厚，4 厘米见方的块；姜切大片；葱切段。

2. 冬瓜块用沸水焯至断生时捞出。

3. 油锅烧热，下姜片、葱段炒香，加清汤烧开，捞出葱段、姜片，放冬瓜块烧制。

4. 将冬瓜块盛出。锅内余汁用水淀粉勾薄芡，加盐，淋在冬瓜上即可。

平菇炒莴笋

约 276 千焦 热量

降糖关键点
改善血糖代谢。

原料
平菇 150 克，莴笋 200 克，香油、葱、姜、盐、植物油、料酒各适量。

脾胃虚寒者不宜多吃莴笋，有眼疾者也应慎食。

莴笋含有较多的烟酸。烟酸是胰岛素的激活剂，可改善血糖代谢。莴笋中的钾离子含量丰富，有预防糖尿病并发症的作用。平菇脂肪含量少，热量低，常吃平菇还有降低血压和降低血液中胆固醇的作用。

家常做法

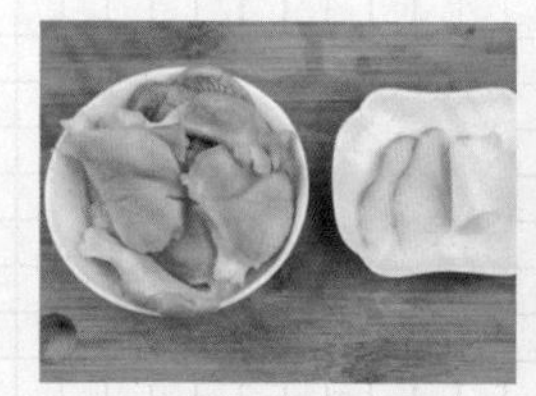

1. 平菇去蒂洗净；葱、姜洗净，葱切段、姜切片备用。

2. 莴笋去外皮、叶，洗净切片，放入沸水中焯后捞出。

3. 锅中放植物油烧至六成热，爆香葱段、姜片，加莴笋片、平菇片翻炒。

4. 加入料酒、盐，淋上香油炒匀即可。

麻婆猴头菇

约 174 千焦 热量

降糖关键点

有助于降低血液中的胆固醇含量。

原料

猴头菇 200 克，植物油、酱油、淀粉、葱、姜、红辣椒、花椒粉、盐各适量。

猴头菇热量很低，升糖指数也低，适合糖尿病患者食用。

猴头菇所含的有效成分有明显的降血糖功效。猴头菇含有的不饱和脂肪酸，能降低血液中胆固醇含量，有利于高血压、心血管疾病的防治。

“对菇类过敏者不宜食用。”

家常做法

1. 葱、姜切丝；淀粉放碗内加水调成水淀粉；红辣椒切成末。

2. 猴头菇去蒂，洗净切小块，加水和葱丝、姜丝煮 5 分钟，捞出控水。

3. 油锅烧热，下葱丝、姜丝、辣椒末炝锅，放猴头菇块略炒。

4. 加水烧开，再加酱油、盐，小火煮。用水淀粉勾芡，撒入花椒粉即可。

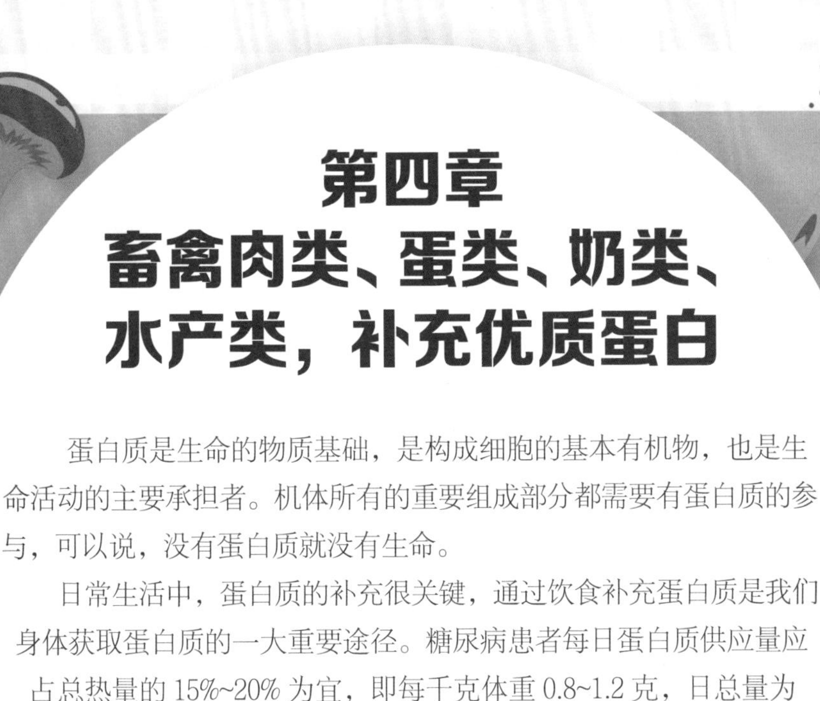

第四章
畜禽肉类、蛋类、奶类、水产类，补充优质蛋白

蛋白质是生命的物质基础，是构成细胞的基本有机物，也是生命活动的主要承担者。机体所有的重要组成部分都需要有蛋白质的参与，可以说，没有蛋白质就没有生命。

日常生活中，蛋白质的补充很关键，通过饮食补充蛋白质是我们身体获取蛋白质的一大重要途径。糖尿病患者每日蛋白质供应量应占总热量的 15%~20% 为宜，即每千克体重 0.8~1.2 克，日总量为 50~70 克。为了提高蛋白质的使用价值，在糖尿病患者的日常膳食中，需要选择正确的食材来保障人体所需蛋白质的供给。

营养师推荐的畜禽肉类、蛋类、奶类、水产类

蛋白质的主要来源是动物蛋白(如鸡蛋、牛奶和各种肉类、水产品)和植物蛋白(豆类和豆制品)，因为动物蛋白的生物利用度比植物蛋白要高，所以被认为是优质蛋白质，大豆蛋白虽然是植物蛋白，但也属于优质蛋白质。

豆浆 128 千焦 /100 克

豆浆含有丰富的植物蛋白质、磷脂，且营养易被人体吸收，长期坚持饮用，可以增强人的抗病能力，非常适合糖尿病患者饮用。

牛奶 271 千焦 /100 克

牛奶是低升糖指数食物，能延缓糖尿病患者血糖升高。牛奶中含有大量的钙，且钙、磷比例搭配较合理，容易被吸收，可缓解糖尿病病情。

黄鳝 378 千焦 /100 克

黄鳝含有丰富的卵磷脂，有调节血糖的作用。黄鳝适合糖尿病患者食用，有利于控制血糖。

鳕鱼 374 千焦 /100 克

鳕鱼富含 EPA 和 DHA，能够降低糖尿病患者血液中胆固醇、甘油三酯和低密度脂蛋白的含量，从而降低心脑血管疾病的发病率。其蛋白质含量高且易被消化吸收。

牛肉 669 千焦 /100 克

牛肉中锌含量很高，锌除了能支持蛋白质的合成、增强肌肉力量外，还可提高胰岛素合成的效率。

鲤鱼 459 千焦 /100 克

鲤鱼含有丰富的镁，利于降糖，保护心血管。糖尿病患者常食鲤鱼，可有效预防高脂血症、心脑血管疾病的发生。

驴肉 491 千焦 /100 克

驴肉属于高蛋白肉类，其氨基酸含量丰富，构成比较全面，能为胰岛细胞提供营养，有助于控制血糖水平。

牡蛎 307 千焦 /100 克

锌跟胰岛素联结成复合物，可以调节和延长胰岛素的降血糖作用。牡蛎含锌量很高，食用后可增加胰岛素的敏感性，辅助治疗糖尿病。

鹌鹑 462 千焦 /100 克

鹌鹑肉是典型的高蛋白、低脂肪食物，特别适合中老年人、高血糖人群以及高血压、肥胖症患者食用。

低脂健康餐

西蓝花豆酥鳕鱼

约 861 千焦 热量

降糖关键点
提高人体对胰岛素的敏感性。

原料
鳕鱼 100 克，西蓝花 100 克，植物油 10 克，豆豉、料酒、胡椒粉、葱末、姜末、盐各适量。

豆豉本身自带咸味，不用加盐也可以。

鳕鱼中含有一种成分，能提高人体细胞对胰岛素的敏感性，可降低血糖。鳕鱼中的蛋白质、氨基酸、维生素含量丰富，能增强人体免疫力。其富含的 DHA，可增强人体记忆力。

家常做法

1. 鳕鱼用适量盐和料酒腌一下，然后上笼蒸 8~10 分钟，取出备用。

2. 锅内放植物油，下入葱末、姜末和捣碎的豆豉炒香，再用盐、胡椒粉调味。

3. 待豆豉炒酥后浇到加工好的鳕鱼上。

4. 西蓝花用盐水焯熟，码在鳕鱼周围即可。

鸳鸯鹌鹑蛋

约 863 千焦 热量

降糖关键点

可辅助治疗糖尿病。

原料

鹌鹑蛋100克，水发木耳10克，北豆腐10克，豌豆10克，水淀粉、盐、料酒、高汤各适量。

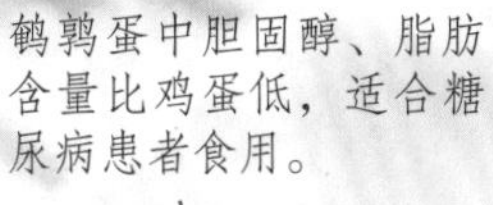

鹌鹑蛋含有丰富的卵磷脂，有健脑的作用。鹌鹑蛋适合体质虚弱、营养不良、气血不足者食用。

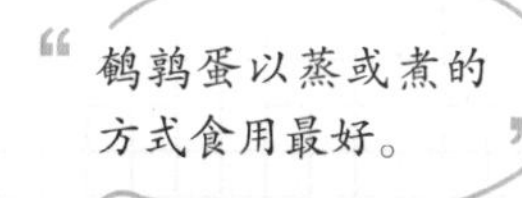

家常做法

1. 将1个鹌鹑蛋磕开，把蛋清、蛋黄分别放碗中，其余煮熟去壳。

2. 水发木耳、北豆腐剁碎，加盐和蛋清调匀成馅。

3. 将鹌鹑蛋切开，去蛋黄，填馅料，用豌豆点成眼睛，上笼蒸10分钟。

4. 炒锅上火，加高汤、盐、料酒，汤沸时用水淀粉勾兑成芡，浇在鹌鹑蛋上即可。

香菜蒸鹌鹑

约 1 112 千焦 热量

降糖关键点
高蛋白，低脂肪。

原料
鹌鹑 200 克，香油 5 克，香菜段、姜、水淀粉、酱油、盐各适量。

鹌鹑肉是典型的高蛋白、低脂肪食物，特别适合中老年人、高血糖人群以及高血压、肥胖症患者食用。

“肝火旺盛者不宜多吃鹌鹑，否则易引起上火。”

家常做法

1. 鹌鹑去毛、去内脏，洗净；姜切片。

2. 鹌鹑和姜片放盘中，酱油、水淀粉、盐搅拌后倒在鹌鹑上，淋上香油。

3. 将盘放入蒸锅，隔水加盖蒸 10 分钟。

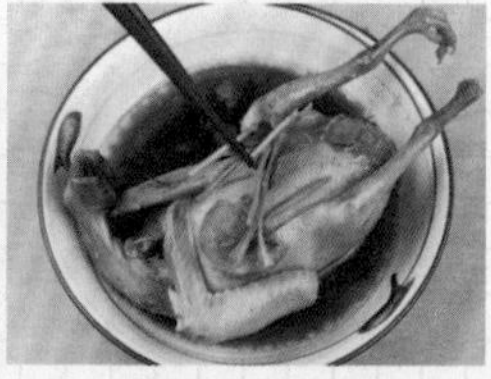

4. 出锅，将香菜段放在鹌鹑上即可。

洋参山楂炖乌鸡

约 1 407 千焦 热量

降糖关键点

活血通络，降低血脂。

原料

乌鸡 300 克，西洋参、山楂、蒜、葱、姜、盐各适量。

乌鸡含有抗氧化作用的物质，可延缓衰老，有利于预防糖尿病；乌鸡营养丰富，胆固醇和脂肪含量少；山楂能活血通脉，有助于降低血脂，抗动脉硬化，可预防糖尿病血管并发症。

家常做法

1. 西洋参、山楂洗净后切片；蒜去皮后一切两半；姜切片，葱切段。

2. 乌鸡宰杀后，去毛、内脏及爪，并洗净。

3. 乌鸡置于炖锅内，加入西洋参片、山楂片、姜片、葱段、蒜瓣和清水。

4. 大火烧沸，撇去浮沫，再用小火炖煮 1 小时，加盐调味即可。

牛奶牡蛎煲

约 766 千焦 热量

降糖关键点

促进胰岛素分泌。

原料

牛奶 100 克，牡蛎肉 100 克，植物油 5 克，葱、青蒜、姜、盐、蒜各适量。

可强化骨骼，有利于糖尿病患者预防骨质疏松。

牡蛎是高蛋白、低脂食品，易于消化吸收，且锌含量高，食用后可增加胰岛素的敏感性。牛奶是低升糖指数食物，含有大量的钙，且钙、磷比例搭配较合理，容易吸收。

家常做法

1. 牡蛎肉洗净，放入沸水内稍烫即捞起，备用。

2. 蒜拍扁，切碎；葱、姜切丝；青蒜洗净，切段。

3. 烧热炒锅，下植物油，放姜丝、蒜末、葱丝、青蒜段爆香，下牡蛎，倒入牛奶。

4. 加盖煮七八分钟，加入盐，炒匀即可。

番茄豆角炒牛肉

约 374 千焦 热量

降糖关键点

提高胰岛素合成的效率。

原料

精牛肉 50 克，番茄 100 克，豆角 50 克，葱丝、姜片、蒜片、盐、植物油各适量。

牛肉富含蛋白质，可为糖尿病患者补充蛋白质。

番茄含有丰富的胡萝卜素、B 族维生素和维生素 C，适合糖尿病患者食用。牛肉中锌含量高，可提高胰岛素合成。牛肉中的硒也可促进胰岛素的合成。

家常做法

“可先将豆角焯水断生。”

1. 精牛肉切成薄片；番茄切成块状；豆角去筋，洗净，切成段。

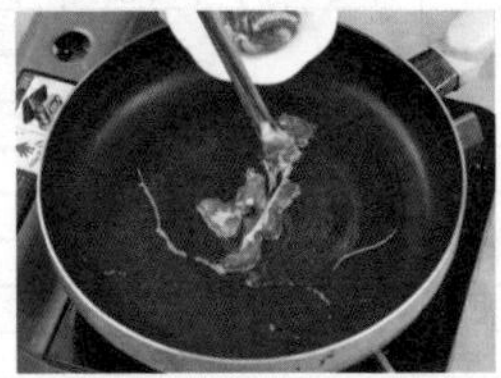

2. 炒锅放少许油，烧至七成热，先放入牛肉片、葱丝、姜片、蒜片煸炒。

3. 待肉片发白时，再放入番茄块、豆角段略炒。

4. 锅内加水适量，稍焖煮片刻，加盐搅匀即可。

鸡蛋羹

约 349 千焦

含有优质蛋白质。

原料

鸡蛋 1 个，
盐、生抽、
葱花各适量。

1. 用打蛋器把鸡蛋打散，加入少量盐，加温水。

2. 放蒸锅隔水蒸 12 分钟，蒸熟后放生抽、葱花即可。

降糖功效

鸡蛋中含有维生素 B_2，可预防由高血糖引起的周围神经病变。

升糖风险

鸡蛋热量较高，糖尿病患者食用需严格控制量，每天 1 个为宜。

香菇烧海参

约 272 千焦

氨基酸含量丰富。

原料

海参 50 克，
香菇 100 克，
料酒、姜片、
盐各适量。

1. 香菇洗净，掰成块；海参和姜片加水煮 6 分钟，捞出。

2. 锅中加清水、香菇块，烧开后加入海参。

3. 煮 20 分钟后再加入料酒、盐，收汁即可。

降糖功效

海参含有的有益成分，具有激活胰岛 β 细胞活性、降低高浓度血糖的作用。

猕猴桃肉丝

约 557 千焦

调节糖代谢。

原料

猪瘦肉 50 克，
猕猴桃 100 克，
料酒、胡椒粉、
水淀粉、盐、
植物油各适量。

1. 猪瘦肉、猕猴桃切丝。用碗将盐、料酒、胡椒粉、水淀粉兑成芡汁。

2. 油锅烧热，猪瘦肉丝炒散。下猕猴桃丝略炒，倒入芡汁，收汁起锅即可。

降糖功效

猕猴桃中的肌醇是天然糖醇类物质，对调节糖代谢很有好处。猕猴桃膳食纤维丰富，适合糖尿病患者食用。

药芪炖母鸡

约 1 113 千焦

可帮助降低血糖。

原料

山药块 20 克，
母鸡肉 100 克，
黄芪、料酒、
盐各适量。

1. 母鸡肉剁块，放入锅中。锅中加入黄芪、料酒和适量水。

2. 大火烧开，转成小火煮至八成熟，再放入山药块。待鸡肉块熟烂后，放入适量盐即可。

降糖功效

黄芪能增加胰岛素的敏感性，有调节血糖的功效。糖尿病患者合理服用黄芪既可改善高血糖，又能预防低血糖。

地黄麦冬煮鸭

热量

降糖关键点

预防糖尿病并发心脑血管疾病。

原料

鸭肉 200 克，生地黄、麦冬、料酒、姜、盐各适量。

生地黄能够增强胰岛素的敏感性，对糖尿病患者非常有利；鸭肉中富含不饱和脂肪酸，能降低胆固醇。鸭肉滋阴补血，姜味辛性温，一起烹调，可促进血液循环，有益糖尿病患者的血管健康，预防糖尿病并发心脑血管疾病。

家常做法

1. 将生地黄洗干净，切片；将浸泡一夜后的麦冬去梗，洗净。

2. 鸭肉洗净，切块；姜拍松。

3. 将生地黄片、麦冬、鸭肉块、料酒、姜一起放入砂锅内，加适量水，大火烧开。

4. 水烧开后改小火炖约 40 分钟，加盐调味即可。

苹果炖鱼

约 651 千焦 热量

降糖关键点

调节血糖水平。

原料

苹果 50 克，草鱼 50 克，猪瘦肉 50 克，植物油、红枣、盐、姜、胡椒粉、料酒、高汤各适量。

糖尿病患者食用红枣需控制用量。

苹果所含的果胶能预防胆固醇增高，降低血糖含量；苹果中的可溶性膳食纤维可调节机体血糖水平，预防血糖骤升骤降；草鱼、猪瘦肉富含优质蛋白质，适量食用对防治糖尿病有一定的作用。

“苹果宜选绿苹果，含糖量稍低。”

家常做法

1. 苹果去核、去皮，切片，清水浸泡；草鱼洗净，斩成块；猪瘦肉切片。

2. 红枣泡洗干净；姜去皮，切片。

3. 油锅烧热，下姜片略煎，放鱼块，煎至两面稍黄，加料酒、猪瘦肉片、红枣、高汤，中火炖。

4. 待炖汤稍白，加入苹果片，调入盐、胡椒粉，再炖 20 分钟即可。

金枪鱼烧荸荠粒

约 1 170 千焦 热量

降糖关键点

维持糖代谢正常。

原料

豉汁金枪鱼罐头 100 克，植物油 10 克，荸荠、胡萝卜、芹菜、香菇、盐各适量。

豉汁金枪鱼罐头含钠较多，需严格控制食用量。

金枪鱼鱼肉含有较多锌、钙、多不饱和脂肪酸等，可改善胰岛功能，增强人体对糖的分解、利用能力，维持糖代谢的正常状态。

家常做法

1. 荸荠、胡萝卜洗净削皮，芹菜去老筋，香菇洗净，分别切成小丁。

2. 热锅倒植物油，油热后将胡萝卜丁和香菇丁入锅翻炒。

3. 放入荸荠丁、芹菜丁，倒入金枪鱼罐头中的汤汁，继续翻炒。

4. 出锅前放入金枪鱼肉和少许盐，翻炒均匀即可。

洋葱炒黄鳝

约 923 千焦 热量

降糖关键点

降血糖，调节糖代谢。

原料

黄鳝 100 克、洋葱 100 克，植物油 10 克，酱油、盐、姜片各适量。

此菜可控血糖、补虚弱。

洋葱含有的有益物质，具有刺激胰岛素合成及释放的作用，适量食用能够降低血糖。黄鳝体内含有控制糖尿病的黄鳝鱼素，这种物质具有调节糖代谢的作用。

家常做法

“切洋葱时旁边放碗水，可防呛眼睛。”

1. 将黄鳝去肠杂，切块；洋葱切片。
2. 炒锅倒入植物油烧热，放入黄鳝煎至半熟。
3. 放入洋葱片，翻炒片刻。

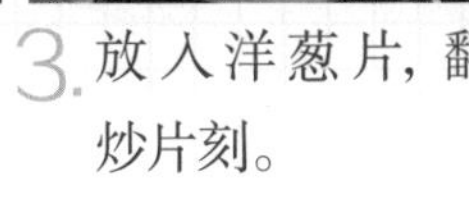

4. 加盐、酱油、姜片、清水少量，焖烧片刻，至黄鳝熟透即可。

鲜橙一碗香

约 1 705 千焦 热量

降糖关键点

预防糖尿病，增强抵抗力。

原料

鲜橙 1 个，青鱼 200 克，西蓝花 10 克，胡萝卜 10 克，香菇（干）10 克，橄榄油 10 克，笋、姜末、葱末、盐、料酒各适量。

鲜橙和青鱼搭配，味道鲜美，口感清爽不油腻，糖尿病患者可适量食用。

鲜橙的含糖量不高，适量食用有助于预防糖尿病，增强抵抗力。青鱼富含钙、钾、硒等矿物质，这些元素可改善胰岛素的敏感性，有一定的辅助降糖功效。

家常做法

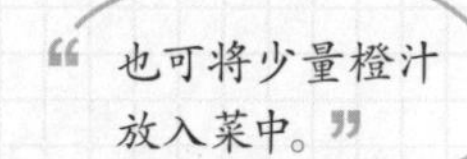

1. 将鲜橙从 2/3 处切开，挖去心备用。其他材料均切丁。

2. 炒锅倒入橄榄油烧热，加入青鱼丁、笋丁、香菇丁、胡萝卜丁、西蓝花丁、姜末、葱末翻炒。

3. 放入料酒，待炒熟后加盐调味。

4. 将炒好的菜装入橙子碗中，入蒸锅蒸 1~2 分钟即可。

鲫鱼炖豆腐

约 1 013 千焦 热量

降糖关键点

升糖指数低。

原料

鲫鱼 100 克，南豆腐 50 克，植物油 10 克，葱花、姜片、料酒、盐各适量。

鲫鱼可以调补老年糖尿病患者虚弱的体质，还能增强抗病能力。

鲫鱼含优质蛋白质，容易被人体消化吸收，是糖尿病、肝肾疾病、心脑血管疾病患者良好的蛋白质来源。豆制品升糖指数低，能延缓身体对糖的吸收。

“鲫鱼子不适合糖尿病患者吃。”

家常做法

1. 南豆腐洗净，切块；鲫鱼去鳞及内脏，洗净。
2. 炒锅放入少许植物油，上火烧热，放入鱼煎至皮略黄。
3. 将鱼、清水、豆腐放入砂锅内，加入料酒、姜片，大火烧开。
4. 改小火煲1小时，加入少许盐、葱花即可。

牡蛎海带汤

约 1 031 千焦

升糖指数低。

原料

牡蛎 2 个，
水发海带丝 200 克，
枸杞子、姜片、
葱段、盐各适量。

1. 把牡蛎、水发海带丝分别洗净。

2. 锅中依次放入牡蛎、海带丝、姜片、葱段、清水、枸杞子，大火煮沸后，改小火慢炖至牡蛎熟烂。

3. 放入适量盐调味即可。

降糖功效

牡蛎所含的有益成分有降低胆固醇浓度的作用，可预防动脉粥样硬化等糖尿病血管并发症。

山药炖鲤鱼

约 1 534 千焦

降糖，保护心血管。

原料

鲤鱼 200 克，
山药 100 克，
植物油 10 克，
料酒、姜片、
盐各适量。

1. 山药去皮，洗净，切片。锅里放入植物油，上火烧热。

2. 放入鲤鱼煎至皮略黄，再加入山药片、料酒、姜片、盐、水，中火煮至山药片烂熟即可。

降糖功效

山药具有补脾胃、生津、补肾的功效，升糖指数较低，适合糖尿病患者食用。鲤鱼含有丰富的镁，利于降糖，保护心血管。

清蒸带鱼

约535
千焦

保护心血管系统。

原料

带鱼100克，
生抽、料酒、葱、
姜、盐各适量。

1. 带鱼洗净，切段；姜切丝，葱切段；带鱼加盐、料酒、姜丝、葱段抓匀腌制10分钟。

2. 腌好的带鱼上锅隔水蒸15分钟，淋上生抽即可。

降糖功效

带鱼的脂肪多为不饱和脂肪酸构成，具有降低胆固醇的作用，对糖尿病患者有益。带鱼含有丰富的镁和钙，有利于预防心脑血管疾病。

五香驴肉

约491
千焦

促进胰岛素分泌。

原料

驴肉100克，
花椒、八角、葱、
姜、蒜、料酒、
酱油、盐各适量。

1. 将驴肉放入锅中，加入没过肉的清水，大火煮沸后撇去浮沫。

2. 将全部调料放入锅中，大火煮沸后，用中火焖煮2个小时即可。

降糖功效

驴肉中氨基酸含量丰富，且氨基酸构成较全面，能营养胰岛细胞，改善胰腺功能，促进胰岛素分泌，调节血糖水平。

鸡丝炒豇豆

约 896 千焦 热量

降糖关键点

补充 B 族维生素。

原料

长豇豆 200 克，鸡胸肉 50 克， 植物油 10 克，酱油、葱丝、姜丝、盐各适量。

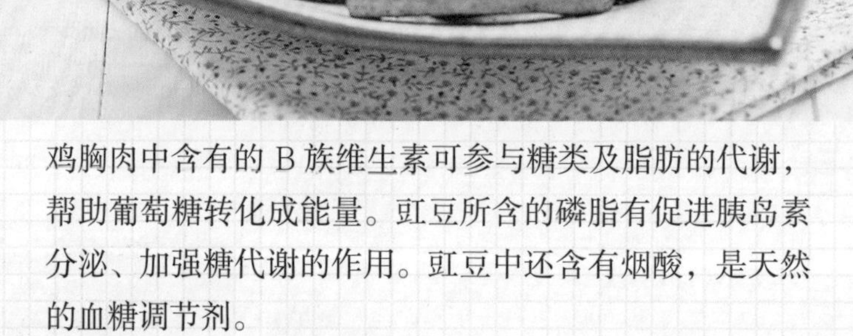

鸡胸肉中含有的 B 族维生素可参与糖类及脂肪的代谢，帮助葡萄糖转化成能量。豇豆所含的磷脂有促进胰岛素分泌、加强糖代谢的作用。豇豆中还含有烟酸，是天然的血糖调节剂。

家常做法

1. 鸡胸肉切丝，加少许植物油拌匀。

2. 长豇豆洗净，切段，在沸水中焯至变色，捞出控水。

3. 炒锅放植物油，下葱丝、姜丝炝锅后放鸡肉丝，炒至变色。

4. 加入豇豆段、酱油、盐，炒入味即可。

番茄三文鱼

约1 064 千焦 热量

降糖关键点

改善人体胰岛功能。

原料

三文鱼150克，番茄100克，洋葱50克，蚝油10克，植物油、盐各适量。

三文鱼中含有虾青素，有美容养颜的功效。

三文鱼是鱼类中含 Ω-3 不饱和脂肪酸较多的一种，能改善人体的胰岛功能，减少患 2 型糖尿病的风险，尤其适合肥胖人群。番茄热量低，还含有丰富的维生素。

家常做法

“注意火不要太大，以免煎糊。”

1. 三文鱼块两面均匀抹一点盐，放置20分钟；番茄切块；洋葱切粒。

2. 锅内刷一层植物油，用中火把三文鱼块煎至两面金黄，放在盘子上。

3. 用剩下的油把洋葱粒炒香，放入番茄块，翻炒。

4. 倒入盐、蚝油、小半杯水调味，煮至黏稠后倒在三文鱼块上即可。

青椒炒鳝段

约 455 千焦 热量

降糖关键点

帮助调节血糖代谢。

原料

黄鳝 100 克，青椒 100 克，植物油、料酒、鸡汤、酱油、姜、盐、蒜各适量。

黄鳝含有较多维生素 A，可防治糖尿病患者并发眼部疾病。

青椒中含有硒，能防止胰岛 β 细胞被氧化破坏，促进糖分代谢，降低血糖和尿糖。黄鳝体内含有黄鳝鱼素和一种天然蛋白质，具有调节糖代谢的作用。

家常做法

1. 黄鳝洗净，切片，加盐、料酒腌制；青椒洗净，切块；姜切丝，蒜剁蓉。

2. 油锅爆香姜丝，倒入黄鳝段翻炒 30 秒，盛起备用。

3. 油锅续植物油，将姜丝、蒜蓉炒香，放青椒块略炒，再放入黄鳝段翻炒。

4. 加入 5 汤匙鸡汤和适量料酒、盐、酱油，拌炒入味即可。

魔芋鸭

约1 432 千焦 热量

降糖关键点

降低胆固醇，补充体力。

原料

精瘦鸭100克，魔芋块50克，香菇 15 克，植物油 10 克，红辣椒、青蒜、料酒、葱段、姜片、盐各适量。

魔芋中的大量水溶性膳食纤维可吸附糖类，能有效降低餐后血糖，其所含的葡甘露聚糖有抑制胆固醇吸收的作用；鸭肉中的脂肪主要是不饱和脂肪酸，有助于降低胆固醇。

家常做法

1. 精瘦鸭剁小块；香菇切片；青蒜斜切片。

2. 锅内加水烧开，放入姜片、鸭块汆烫后捞出。

3. 油入锅烧热，将姜片、葱段炒香，放入鸭块、香菇片、料酒，加清水，大火烧开。

4. 小火烧至熟烂。放入魔芋块略烧，再放入盐、红辣椒，撒上青蒜片，装盘。

翡翠鲤鱼

约 829 千焦 热量

降糖关键点

降血糖，保护心血管系统。

原料

鲤鱼 100 克，橄榄油 10 克，西瓜皮、茯苓皮、生抽、醋、盐各适量。

西瓜皮含有多种营养成分，且不含脂肪和胆固醇，水分多，热量低；鲤鱼含有丰富的镁，利于降糖。鲤鱼的脂肪大部分由不饱和脂肪酸组成，具有良好的降低胆固醇的作用。

“先将西瓜皮腌制，味道更佳。”

家常做法

1. 西瓜皮洗净，去绿皮，切菱形片；茯苓皮洗净；鲤鱼处理好，洗净。

2. 锅中放橄榄油烧热，放入鲤鱼稍煎，再加入生抽、醋，盖上锅盖稍焖煮。

3. 加入西瓜皮、茯苓皮和 1 杯半清水，用小火焖煮入味。

4. 放盐即可出锅。

白萝卜烧带鱼

约 669 千焦 热量

降糖关键点

降低胆固醇，保护心血管系统。

原料

带鱼 100 克，白萝卜 200 克，植物油、姜、料酒、生抽、葱、盐、蒜各适量。

带鱼属于发物，患有疥疮、湿疹等皮肤病或皮肤过敏者应慎食。

带鱼的脂肪多为不饱和脂肪酸，具有降低胆固醇的作用，可预防高脂血症、心脑血管疾病的发生。白萝卜所含热量较少，含水分多，糖尿病患者食后易产生饱腹感，从而可控制食物的过多摄入。

家常做法

1. 带鱼洗净，切段，加入盐、料酒拌匀腌制 20 分钟。

2. 白萝卜、姜洗净切丝，葱切葱花，蒜切末。

3. 油入锅烧热，放入带鱼段，小火略煎；放入姜丝、蒜末爆香 。

4. 放白萝卜丝炒匀。再加水、生抽，大火烧开后转中火煮熟，撒上葱花即可。

第五章
低脂汤粥类，饱腹好吸收

“饭前一碗汤，苗条又健康”，在这儿不妨说成“饭前一碗汤，健康不升糖”。饭前的一小碗汤，不但可以在饭前滋润消化道，而且可以促进消化液规律分泌，又可以增加饱腹感，让糖尿病患者减少糖分摄入。粥，营养好吸收，在一定程度上会增加升糖风险，所以可在粥中放入不同的粗粮杂豆，不过需注意，煮粥时不要煮太烂，以免升糖指数提高。总之，要科学饮食，合理配比，即使得了糖尿病，也能享受美食。

营养师推荐的汤粥食材

汤粥可用的食材很多，谷物、杂豆、坚果、素菜、肉类都可以用来做汤粥。一般来说，糖尿病患者如果血糖控制得好的话也可以适量喝粥，但要注意不宜在早餐时喝粥。在粥里面添加粗粮杂豆等是个比较好的办法。让我们看看比较适合做汤粥的食材吧！

冬瓜　43 千焦 /100 克

冬瓜具有利尿祛湿的功效，还可抑制淀粉、糖类转化为脂肪，防止体内脂肪堆积，尤其适合肾病、糖尿病、高血压、冠心病患者食用。

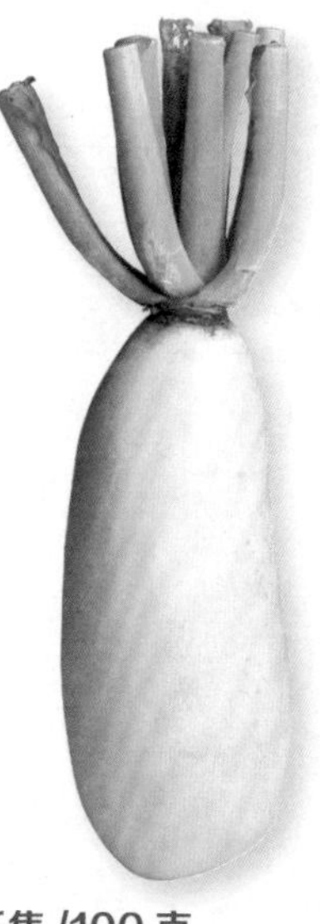

白萝卜 67 千焦 /100 克

白萝卜所含热量较少，含水分多，糖尿病患者食后易产生饱腹感，从而帮助控制食物的过多摄入，保持合理体重。

蛤蜊　260 千焦 /100 克

蛤蜊含有较为丰富的硒和锌，硒和锌是对糖尿病患者很重要的微量元素，能明显促进细胞对糖的摄取，具有与胰岛素相类似的调节糖代谢的生理活性。

银耳（干）1092 千焦 /100 克

银耳中含有的多糖和膳食纤维，可帮助降血糖，因此，对糖尿病患者控制血糖有利。

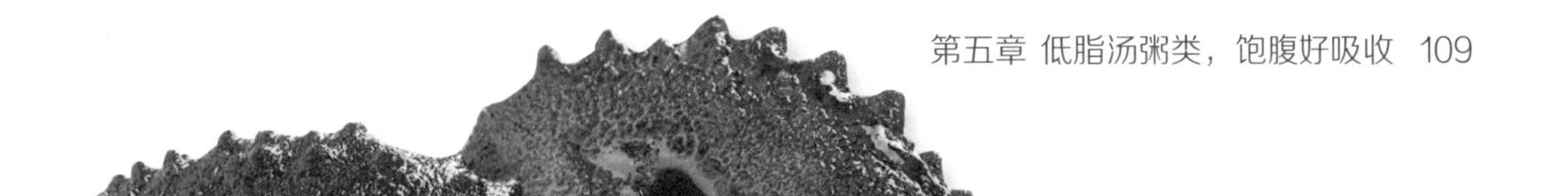

海参 330 千焦 /100 克

海参含有多种人体必需的微量元素，具有激活胰岛 β 细胞活性、降低高浓度血糖的作用。

紫菜（干） 1 050 千焦 /100 克

紫菜富含的有效成分能降低空腹血糖。紫菜还富含硒元素，硒能明显促进细胞对糖的摄取，具有与胰岛素相同的调节糖代谢的生理活性。

乌鸡 469 千焦 /100 克

乌鸡含有大量抗氧化作用的物质，可改善肌肉强度，延缓衰老，有利于预防糖尿病。

鸽肉 835 千焦 /100 克

鸽肉是糖尿病患者补充优质蛋白质的主要肉食之一，能补肝益肾、益气补血，适合消瘦型糖尿病患者及并发高血压、高脂血症、冠心病患者食用。

海带 55 千焦 /100 克

海带中的有益成分，能够改善糖尿病患者的糖耐量，有助于降低血糖，且对胰岛细胞有保护作用，是一种适合糖尿病患者的保健食物。

低脂健康餐

桔梗冬瓜汤

约 274 千焦 热量

降糖关键点

降低血糖，保护肝脏。

原料

冬瓜 200 克，香油 5 克，盐、桔梗各适量。

桔梗中的皂苷有降糖作用，也有降低胆固醇的功效，对糖尿病并发高血压、高脂血症有预防作用。冬瓜中含有的有益物质，可以有效地抑制糖类转化为脂肪，所以能够帮助改善糖尿病的症状。

家常做法

1. 桔梗洗净备用。

2. 冬瓜去瓤、去子，洗净，切块。

3. 砂锅置于火上，倒入适量清水，放入桔梗和冬瓜块。

4. 煮至冬瓜块熟透，加盐调味，淋上香油即可。

紫菜蛋花汤

约 380 千焦 热量

降糖关键点

有效降低空腹血糖。

原料

紫菜（干）3克，鸡蛋1个，葱花、虾皮、香油、盐各适量。

可作为饭前饮用汤，增强饱腹感，减少主食摄入量。

紫菜中的多糖能够有效降低空腹血糖，糖尿病患者可以适当食用紫菜，来辅助降低血糖。鸡蛋中含有较多的维生素B_{12}，适量食用有助于维持脂类正常代谢。

家常做法

“水烧开后保持小火就可以。”

1. 将紫菜洗净，撕碎放入碗中，加入适量虾皮。

2. 鸡蛋打入碗中，搅成蛋液。

3. 在锅中放入适量的水烧开，然后淋入鸡蛋液。

4. 等鸡蛋花浮起时，加盐，倒入紫菜和虾皮，淋入香油，撒上葱花即可。

魔芋冬瓜汤

约 346 千焦 热量

降糖关键点
低升糖指数，低脂。

原料
冬瓜 200 克，魔芋 200 克，海米 10 克，植物油、葱花、姜、蒜、盐各适量。

脾胃虚寒者、腹泻便溏者要慎食冬瓜。

魔芋是高水分、高膳食纤维的食物，大量膳食纤维在进入胃时可吸收糖类，还可抑制糖类的吸收，有效降低餐后血糖。

“冬瓜可消肿、清胃火。”

家常做法

1. 姜、蒜切成片；冬瓜切成丁；魔芋切成丁。

2. 锅内放植物油烧热，放海米炸一下，再放姜片、蒜片煸炒出香味。

3. 在锅里放水，放入魔芋丁、冬瓜丁，烧开。

4. 煮熟后放适量盐调匀后盛出，撒上葱花即可食用。

西洋参小米粥

约 420 千焦 热量

降糖关键点

降血脂，促进血液循环。

原料

西洋参 3 克，小米 25 克。

西洋参对糖尿病有比较好的辅助治疗效果，其有效成分皂苷和多糖有降血糖作用，合理食用还可以降血脂，促进血液循环。小米的营养价值较高，含丰富的锌、钙、磷、镁等元素，均有益于调节血糖水平。

家常做法

1. 西洋参洗净后浸泡一夜，切碎。

2. 小米洗净。

3. 砂锅加温水，放入小米、西洋参碎及浸泡西洋参的清水，大火烧开。

4. 转小火熬煮至熟，凉至温热服食。

玉米须蚌肉汤

约 712 千焦 热量

降糖关键点

降血糖，降血压。

原料

玉米须50克，鲜河蚌300克，盐适量。

玉米须中的皂苷类物质有降糖作用。玉米须还具有利尿、降血压、降低血液黏稠度等功效。河蚌可以补充微量元素和必需氨基酸。

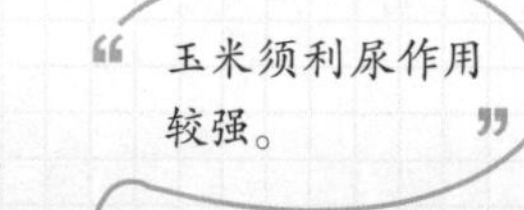

家常做法

1. 将玉米须用清水洗净备用。
2. 取鲜河蚌用开水略煮沸，去壳取肉，切片。
3. 把全部用料一起放入锅内，加清水适量。
4. 大火煮沸后，小火煮1小时，加盐调味即可。

紫菜黄瓜汤

约 284 千焦 热量

降糖关键点

有效降低空腹血糖。

原料

黄瓜 100 克，紫菜（干）3 克，香油 5 克，海米、酱油、盐各适量。

紫菜中含有丰富的多糖、胡萝卜素、维生素、矿物质等营养物质，特别是其中所含的多糖能够有效降低空腹血糖。黄瓜热量低，含水量高，非常适合糖尿病患者食用。

家常做法

1. 先将黄瓜洗净，切成菱形片备用。

2. 将紫菜、海米洗净。

3. 锅内加入清水，烧沸后，放入黄瓜片、海米、盐、酱油，煮沸后撇浮沫。

4. 放入紫菜略煮，出锅前淋上香油，调匀即可。

萝卜牛肉汤

约546千焦

可促进胰岛素的合成。

原料

白萝卜100克，
牛肉100克，
姜片、盐各适量。

1. 将牛肉、白萝卜洗净，切块。汤锅中加水烧开，放入白萝卜块、牛肉块、姜片炖熟。

2. 加入盐即可。

降糖功效

牛肉中锌含量很高，可以提高胰岛素合成的效率。牛肉中的硒也可促进胰岛素的合成。白萝卜所含热量较少，含水分较多，有助于糖尿病患者保持合理体重。

番茄鸡蛋汤

约554千焦

热量低。

原料

番茄150克，
鸡蛋1个，
香油3克，
葱花、盐各适量。

1. 番茄洗净、切片后放锅中翻炒，锅中倒入水。水开后将打散的鸡蛋倒入。

2. 待蛋花凝固后放入盐、香油，撒上葱花即可。

降糖功效

番茄不仅热量低，还含有丰富的胡萝卜素、B族维生素和维生素C。番茄所含的有机酸可软化血管，促进钙、铁元素吸收，对肠道黏膜有收敛作用。

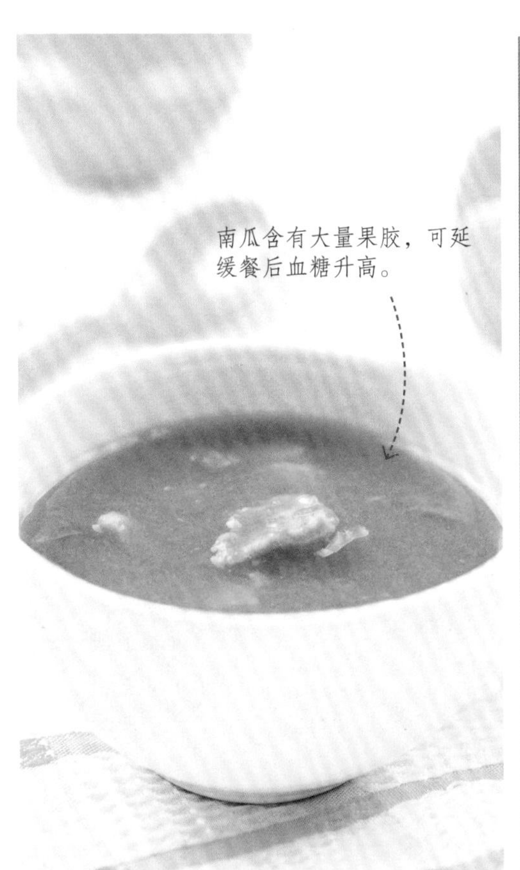

南瓜瘦肉汤

约 397 千焦

可使糖类吸收减慢。

原料

南瓜 100 克，
猪瘦肉 50 克，
盐、香油各适量。

1. 南瓜洗净，切块；猪瘦肉洗净，切片。

2. 将南瓜块、猪瘦肉片同入锅中，加水煮至瓜烂肉熟，加入盐、香油调匀即可。

降糖功效

南瓜含有的有益物质，与淀粉类食物混合时，可使糖类吸收减慢而延迟胃排空时间，使饭后血糖不至于升高过快，适量吃南瓜对降血糖有一定的作用。

玉米排骨汤

约 1 564 千焦

含有铬，可改善糖代谢。

原料

玉米 100 克，
排骨 100 克，
盐、姜片各适量。

1. 将玉米、排骨洗净，切块。

2. 和姜片一起放入汤锅中，加水煮熟，再放入盐即可。

降糖功效

玉米中的铬对人体内糖类的代谢有重要作用，能增强胰岛素的功能，是胰岛素的“加强剂”。

山药茯苓粥

约 411
千焦

利尿，减肥，降糖。

原料

山药片 20 克，
大米 25 克，
茯苓、盐各适量。

1. 将大米、山药片、茯苓分别洗净。
2. 将上述原料放入砂锅，加适量水，大火烧开，煮成粥，加入盐拌匀即可。

降糖功效

茯苓含有丰富的不溶性膳食纤维，具有利尿、健脾化湿、减肥降糖的功效。山药含有的有益成分，有降低血糖的功效，是糖尿病患者的优选食材。

葛根粥

约 363
千焦

有降血脂的功效。

原料

大米 25 克，
葛根适量。

降糖功效

葛根有助于活血化瘀，对糖尿病症状的缓解有一定效果。但是葛根淀粉含量较高，一次不宜吃太多。

1. 大米与葛根同入砂锅内，加水 250 毫升，用小火煮熟即可。

升糖风险

做粥时，米不能煮太烂，否则容易快速升糖。

芡实鸭肉汤

约2 053千焦 热量

降糖关键点

预防糖尿病并发血管疾病。

原料

鸭200克，芡实10克，盐、香菜碎各适量。

鸭肉宜选精瘦的鸭肉。

芡实是天然补品，有“水中人参”之称，其含有的脂类、环肽类、黄酮类等成分具有较强的抗自由基和抗心肌缺血的能力；鸭肉中的脂肪主要是不饱和脂肪酸，有助于降低胆固醇，适量食用对糖尿病患者有保健作用。

家常做法

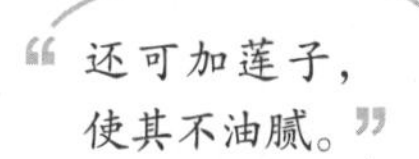

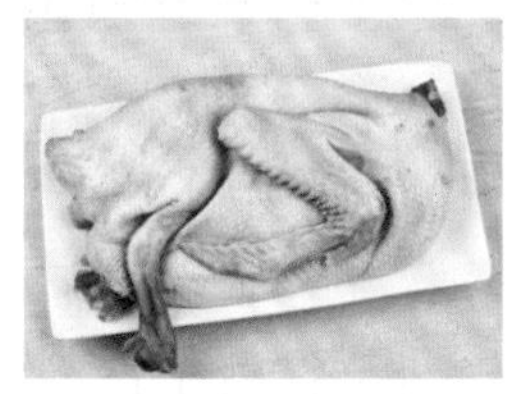

1. 鸭去毛及内脏，洗净。

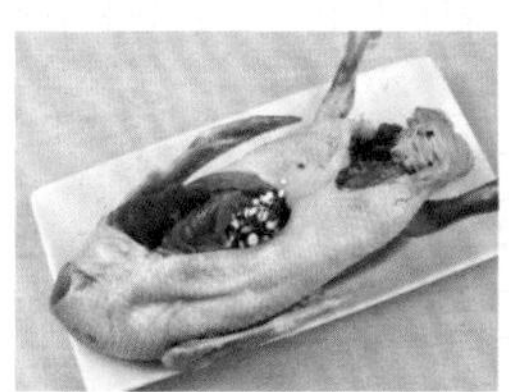

2. 将芡实填入鸭腹内。

3. 将鸭放入煲汤锅内，加水，小火煲2小时。

4. 待鸭煮熟烂后加盐调味，点缀香菜叶即可。

双色花菜汤

约 475 千焦 热量

降糖关键点

改善糖耐量和血脂。

原料

菜花 100 克，西蓝花 100 克，海米 20 克，香油 3 克，盐、高汤各适量。

菜花含有丰富的膳食纤维和铬，还含有丰富的维生素和矿物质，是糖尿病患者理想的健康蔬菜之一。铬在改善糖尿病的糖耐量方面有很好的作用，糖尿病患者长期适量食用菜花，可以改善糖耐量。

家常做法

1. 菜花与西蓝花分别洗净，切块；海米泡开。

2. 高汤入锅中煮沸，放入海米。

3. 将菜花块、西蓝花块放入高汤中同煮。

4. 煮熟后加盐、香油调味即可。

鸡肉蛋花木耳汤

约 654 千焦 热量

降糖关键点

保护心脏，降低胆固醇。

原料

鸡胸肉 50 克，鸡蛋 1 个，水发木耳 50 克，淀粉、酱油、料酒、盐、高汤各适量。

鸡胸肉中含有的 B 族维生素可参与糖类及脂肪的代谢，有助于葡萄糖转化成能量。此汤具有行气健脾、养心宁神、降压通便的功效。

家常做法

“拿面粉洗木耳，洗得更干净。”

1. 鸡胸肉沿横纹切片，用刀背拍松，加酱油、料酒、淀粉调匀。
2. 水发木耳洗净。
3. 鸡蛋打入碗中，加少许盐搅匀。
4. 高汤放锅内煮开，先煮木耳，再放入鸡肉片，倒入鸡蛋液，最后加盐即可。

菊花胡萝卜汤

约 306 千焦 热量

降糖关键点
抗氧化，保护胰岛细胞。

原料
菊花 6 克，胡萝卜 100 克，香油 3 克，盐适量。

经常饮此汤可清肝明目。

菊花具有疏风清热、养肝明目的功效，还有助于抑制血糖升高。糖尿病患者血液中会产生大量的自由基，正是这些自由基破坏了人体内胰岛素的活性。胡萝卜含有丰富的胡萝卜素，能有效对抗人体内的自由基，具有辅助降血糖、降血压、强心等功效。

家常做法

1. 胡萝卜洗净切成片，放入盘中备用。

2. 锅上火，注入清水。

3. 待水烧开后放入菊花、胡萝卜片，开中火煮至胡萝卜片熟烂。

4. 放少许盐，淋上香油，出锅盛入汤盆即可。

香菇薏米粥

约 752 千焦 热量

降糖关键点

降压、降脂、利尿。

原料

薏米 25 克，大米 25 克，香菇 10 克，植物油、盐各适量。

薏米中的有效物质,可修复胰岛 β 细胞并保护其免受损害,维持正常的胰岛素分泌功能,调节血糖。适量食用薏米,其中的膳食纤维可促进排便,延缓餐后血糖上升。

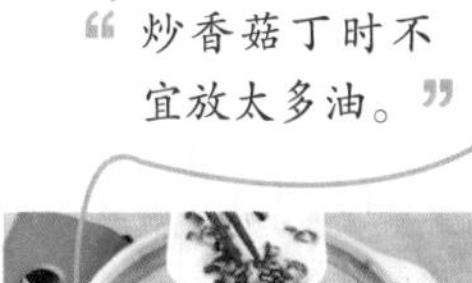

家常做法

1. 薏米洗净，浸泡约 2 小时。

2. 大米洗净，浸泡 30 分钟。

3. 将香菇切成小丁；薏米、大米放入锅中，加入适量水，煮成白粥。

4. 另起锅烧油，放香菇丁炒熟，倒入薏米粥中搅匀，加盐调味。

樱桃西米露

樱桃是一种抗氧化的水果，对人体有很大的益处。樱桃还是升糖指数低的食物，能很好地控制血糖升高，所以糖尿病患者可以适量吃樱桃。

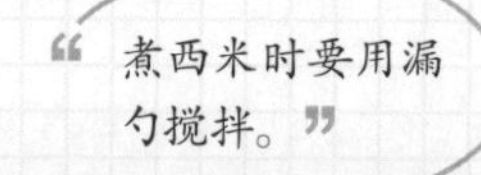

家常做法

1. 将樱桃洗净，剔去核，切小块。

2. 西米淘洗干净，用冷水浸泡 2 小时，捞起沥干水分。

3. 锅内加适量水，加西米，大火煮沸后，改用小火煮至西米浮起。

4. 放入樱桃块，烧沸；待樱桃块浮在西米露的上面，即可盛起食用。

草莓麦片

约 425 千焦 热量

降糖关键点

降低葡萄糖的吸收速度。

原料

燕麦片 25 克，草莓 50 克。

草莓热量较低，可防止餐后血糖值迅速上升，不会增加胰腺的负担。此外，草莓富含维生素和矿物质，具有辅助降糖的功效。将草莓与麦片一起熬煮，可辅助降压、降脂、降糖，糖尿病患者可以在早餐或者加餐时食用。

家常做法

1. 将草莓去蒂，洗净，捣烂备用。
2. 坐锅点火，放入捣烂的草莓，加入适量清水。
3. 放入燕麦片煮沸。
4. 转入小火煮至熟，搅拌均匀即可。

第六章 低糖饮品、甜点，降低饥饿感

市售饮品、甜点一般含糖量较高，不建议糖尿病患者饮用或食用。但是，如果选择健康低糖的食材来制作饮品和甜点，糖尿病患者在血糖比较稳定的情况下也是可以享受的。本章就介绍了几款低糖饮品、甜点，大家不妨来试试。

营养师推荐的水果

不喜欢吃水果，那就把它们榨成果汁吧；果汁美味营养，又能提高免疫力。下面介绍几种制作饮料的原料！

猕猴桃 257 千焦 /100 克

猕猴桃富含维生素 C 和膳食纤维，对控制血糖有一定的益处。

橙子 202 千焦 /100 克

橙子含有维生素 P，维生素 P 能保护血管，预防糖尿病引起的视网膜出血。所以糖尿病患者可以吃橙子，但是要控制好量。

杨桃 131 千焦 /100 克

杨桃水分多，热量低，果肉香醇，有清热解毒、消滞利咽、通便等功效，还能帮助降低血糖，是较适合糖尿病患者的水果。

木瓜 121 千焦 /100 克

木瓜含有的有益成分，有助于分解蛋白质和淀粉，降低血糖。木瓜营养价值较高，有助于增强人体的抗病能力。

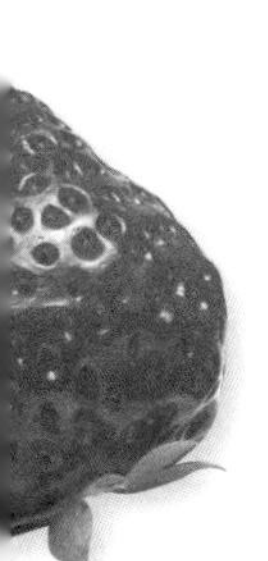

李子 157 千焦 /100 克

李子具有清热、生津、利尿之功效，且富含矿物质和多种维生素，适用于虚劳有热型糖尿病。

草莓 134 千焦 /100 克

草莓热量较低，可防止餐后血糖值迅速上升，不会增加胰腺的负担。此外，草莓富含维生素和矿物质，具有辅助降糖的功效。

柚子 177 千焦 /100 克

柚子的升糖指数低。鲜柚肉中含有铬，有助于调节血糖水平。柚子还能生津止渴，在一定程度上可改善糖尿病患者口渴、多饮的症状。

柠檬 156 千焦 /100 克

柠檬含糖量低，维生素 C 含量较高，且具有生津止渴、祛暑清热、化痰止咳、健胃健脾等功效，对糖尿病、高血压和高脂血症都有很好的防治效果。

番石榴 222 千焦 /100 克

番石榴有助于降低血糖，是糖尿病患者的理想食物之一。但是，番石榴食用过多可能会导致上火，所以不宜多吃。

苹果 227 千焦 /100 克

苹果所含的果胶能预防胆固醇增高，降低血糖；苹果中的膳食纤维可调节机体血糖水平，适量食用对防治糖尿病有一定的作用。

低糖低热量饮品

芦荟柠檬汁

约 127 千焦 热量

降糖关键点

含糖量低，稳定餐后血糖。

原料

芦荟 50 克，柠檬 10 克，代糖适量。

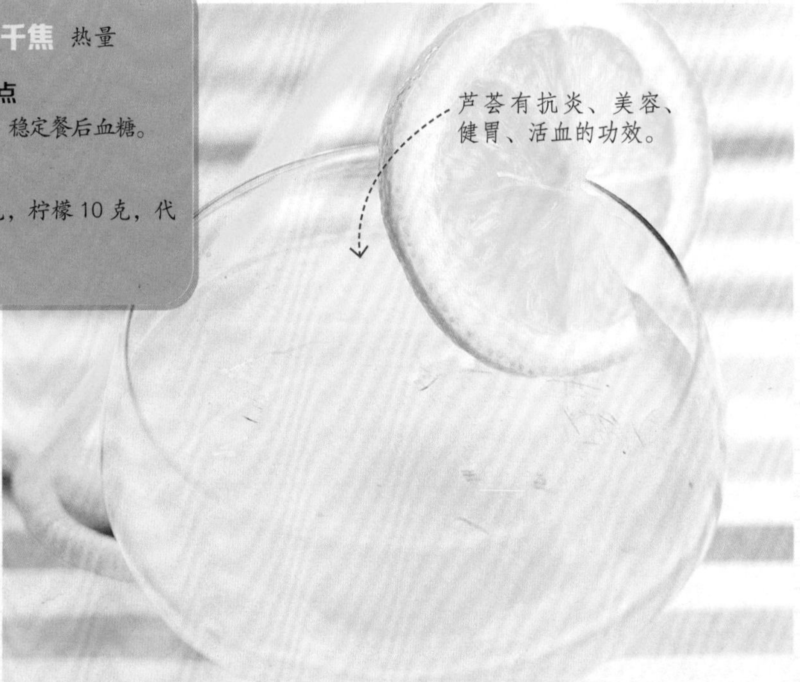

柠檬富含维生素和矿物质，能增强身体的抵抗力，对糖尿病患者预防感染性疾病很有帮助；芦荟具有解毒、消食、健胃的功效。

“芦荟必须去皮，否则可能中毒。”

家常做法

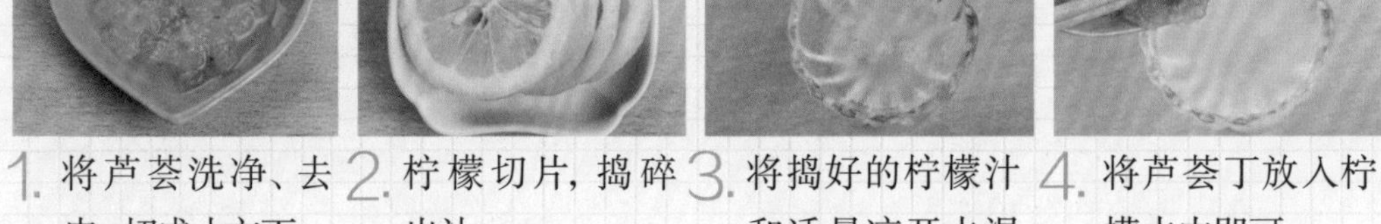

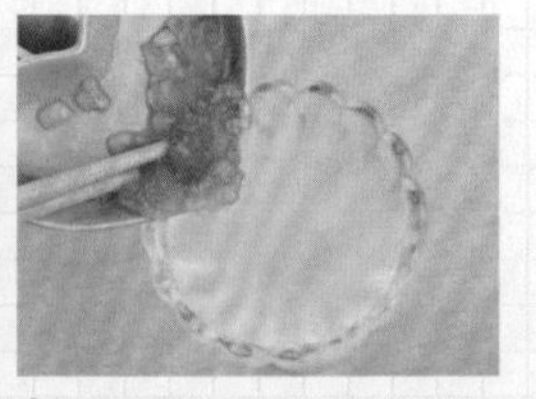

1. 将芦荟洗净、去皮，切成小方丁。
2. 柠檬切片，捣碎出汁。
3. 将捣好的柠檬汁和适量凉开水混合，放入代糖搅拌均匀。
4. 将芦荟丁放入柠檬水内即可。

猕猴桃苹果汁

约242千焦 热量

降糖关键点

有效调节糖代谢，调节机体血糖水平。

原料

猕猴桃50克，苹果50克，薄荷叶适量。

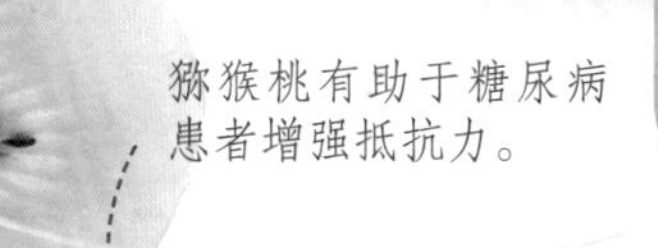

猕猴桃中的肌醇是天然糖醇类物质，对调节糖代谢很有好处，是糖尿病患者较为理想的水果。苹果所含的果胶能预防胆固醇增高，降低血糖；其中的可溶性膳食纤维可调节机体血糖水平，还可防治便秘。

家常做法

1. 猕猴桃削皮，切成块。

2. 苹果削皮，去核，切块。

3. 薄荷叶放入料理机中打碎。

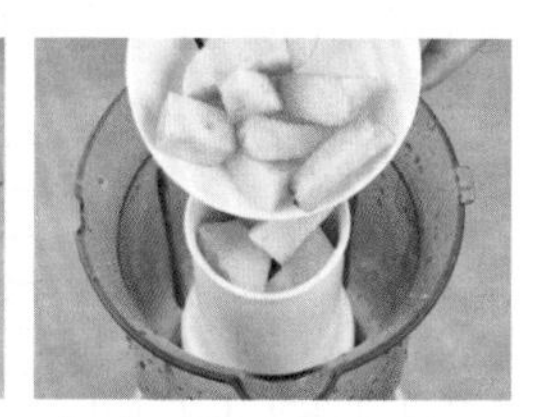

4. 加入猕猴桃块、苹果块一起打碎取汁，搅拌均匀即可饮用。

番石榴汁

约222千焦 热量

降糖关键点
降血糖，降血脂。

原料
番石榴 100 克。

番石榴热量不高，含有丰富的铬，能改善葡萄糖耐量，有助于降低血糖、血脂，增强胰岛素的敏感性。

“番石榴变软要立即食用。”

家常做法

1. 沿着番石榴本身的内网纹路切开，将果肉剥出，切成块。

2. 将果肉放入榨汁机内，加入适量的凉开水。

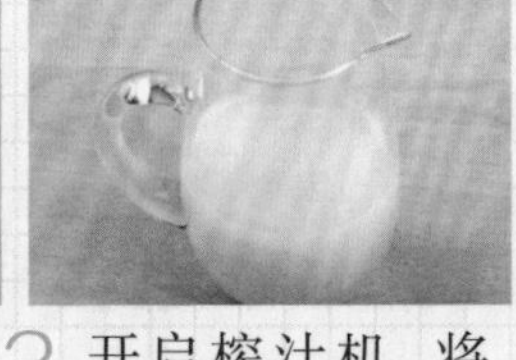

3. 开启榨汁机，将番石榴果肉榨汁。

4. 用细小过滤网过滤番石榴汁 2~3 次即可饮用。

山楂黄瓜汁

约245 千焦 热量

降糖关键点

促消化，降血脂。

原料

山楂 50 克，黄瓜 50 克。

山楂具有健脾开胃、消食化滞、降血脂等作用。黄瓜热量低，含水量高，非常适合糖尿病、高血压、高脂血症患者食用。

家常做法

1. 将新鲜山楂去核，洗净，切成丁。

2. 将黄瓜洗净，切丁。

3. 将山楂丁和黄瓜丁混合，加适量的水一并倒入榨汁机中。

4. 开启榨汁机，待山楂丁和黄瓜丁全部打碎成汁后倒入杯中即可。

李子汁

约157
千焦

升糖指数低。

原料

李子 100 克。

降糖功效

李子升糖指数低，能较好地控制血糖升高。但李子含酸性物质较多，胃部不适者不宜食用。

1. 将李子洗净，去皮，去核。
2. 将李子肉放入榨汁机中，加适量凉开水打成李子汁即可。

柚子汁

约177
千焦

增加胰岛素分泌。

原料

柚子 100 克。

降糖功效

柚子不但有助于降低血糖，而且有助于预防动脉粥样硬化和高血压。不过，在服用他汀类降脂药期间，不要吃柚子，否则可能产生不良反应。

1. 柚子去皮，切丁。
2. 放入榨汁机中，加适量凉开水，开启榨汁机，待榨汁机工作完毕即可。

无花果豆浆

约 598 千焦

防止餐后血糖升高。

原料

鲜无花果100克，黄豆20克。

1. 将黄豆用水浸泡5小时。将无花果切小块。

2. 将无花果、黄豆一同放入豆浆机中，加适量水，启动豆浆机，待豆浆制作完成即可。

降糖功效

无花果属于高纤维果品，含有丰富的酸类及酶类，对糖尿病患者有益。

升糖风险

无花果豆浆热量较高，应适当减少主食的量。

无糖咖啡

约 142 千焦

减少肠道对糖的吸收。

降糖功效

咖啡中含有绿原酸，可减少肠道对糖的吸收，从而降低血糖浓度。偶尔喝一点，解解馋是可以的，但不建议长期饮用。

原料

黑咖啡粉10克。

1. 将黑咖啡粉用开水冲泡即可。

2. 如果觉得苦，可适当加牛奶提香，以缓和苦味。

柳橙菠萝汁

约 354 千焦 热量

降糖关键点

热量低，增强抵抗力。

原料

柳橙 100 克，菠萝 50 克，番茄 50 克，西芹 20 克，柠檬 10 克。

蔬果汁营养丰富，热量低，可当加餐饮用。

菠萝中含有一些降糖的营养素，如果胶，有助于人体分泌胰岛素，从而起到降血糖的作用。橙子富含维生素 C，可提高机体的免疫力。

家常做法

“西芹丝线去掉，饮品口感才好。”

1. 番茄洗净，柳橙、柠檬、菠萝去皮，均切成小块。

2. 西芹洗净，切成小段。

3. 将番茄块、柳橙块、菠萝块、西芹段、柠檬块放进榨汁机。

4. 加入适量凉开水，榨取汁液即可。

猕猴桃酸奶

约 492 千焦 热量

降糖关键点

有效调节糖代谢。

原料

猕猴桃 50 克，酸奶 100 克。

常饮有助于润肠通便。

猕猴桃中的维生素 C 可延缓和改善糖尿病患者的周围神经病变，有助于提高糖尿病患者抗感染的能力。酸奶富含益生菌，与营养丰富的猕猴桃同食，可促进肠道健康，防治便秘。

家常做法

1. 猕猴桃去皮，切成丁。

2. 将猕猴桃丁放入榨汁机里，加入适当的凉开水。

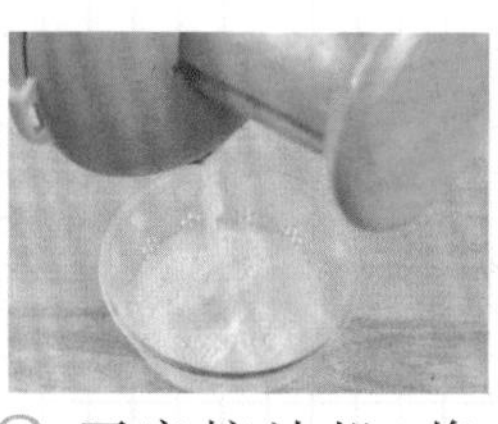

3. 开启榨汁机，将猕猴桃打成汁。

4. 将猕猴桃汁和酸奶按 1:1 的比例兑好，搅拌均匀即可。

樱桃汁

约 194 千焦 热量

降糖关键点
升糖指数低，控制血糖。

原料
樱桃 100 克。

糖尿病患者每天吃樱桃不宜超过 10 个。

樱桃含糖量低，属于低升糖指数的水果，糖尿病患者适量食用，血糖不会有明显升高。樱桃里面还含有丰富的果胶，这种物质可增加胰岛素分泌量，有助于控制血糖。

家常做法

1. 将准备好的樱桃洗净。

2. 洗净的樱桃去核。

3. 将去核的樱桃放入榨汁机中，加适量凉开水榨汁即可。

牛奶火龙果饮

约 388 千焦 热量

降糖关键点

降低胆固醇，预防便秘。

原料

火龙果50克，纯牛奶100克。

火龙果是一种低热量、高纤维的水果，具有降低胆固醇、预防便秘等功效，对糖尿病、高血压、高胆固醇、高尿酸等现代常见病症都有较好的预防作用。

家常做法

“果皮对糖尿病患者有益。”

1. 火龙果洗净，去除头尾、外皮的鳞片，果皮连同果肉一起切块。

2. 将带皮的果块放入榨汁机内，加入适量的凉开水。

3. 开启榨汁机，将火龙果打成汁。

4. 将火龙果汁与纯牛奶混合搅拌即可。

番石榴芹菜豆浆

约 396 千焦 热量

降糖关键点

降血糖，降血压。

原料

番石榴 100 克，芹菜 20 克，黄豆 10 克。

番石榴里的营养物质可帮助降血糖、血脂。芹菜中的膳食纤维有促进肠蠕动、防治便秘的功效，还能辅助控制餐后血糖升高，是肥胖型糖尿病患者的减肥佳品。

家常做法

1. 番石榴洗净，切丁；芹菜洗净，去筋，切段；黄豆洗净，浸泡 5 小时。
2. 番石榴丁和芹菜段倒入榨汁机中，加适量凉开水榨汁。
3. 黄豆放入豆浆机，加适量凉开水打成豆浆。
4. 将番石榴芹菜汁和豆浆混合，搅拌均匀即可。

胡萝卜豆浆

约 393 千焦 热量

降糖关键点

抗氧化，保护胰岛细胞。

原料

胡萝卜 50 克，黄豆 20 克。

胡萝卜含有丰富的胡萝卜素，能有效地对抗人体内的自由基，可帮助降血糖、降血压等。胡萝卜中膳食纤维含量很高，可以促进肠蠕动，降低人体对脂肪的吸收。

家常做法

1. 胡萝卜洗净，切成块；黄豆洗净，提前泡软。

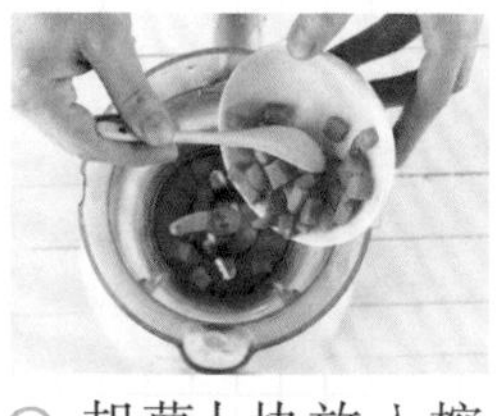

2. 胡萝卜块放入榨汁机，加适量凉开水榨汁。

3. 泡好的黄豆放入豆浆机，加适量凉开水打成豆浆。

4. 将胡萝卜汁和豆浆混合，搅拌均匀即可。

营养师推荐的茶饮食材

有些茶对调节血脂、增强身体免疫力、改善微循环，特别是对防治糖尿病引起的心、脑、肾、眼底及皮肤等病变起着重要作用。来看看营养师推荐的茶饮食材吧！

金银花

金银花具有清热解毒、疏散风热、消暑除烦的作用。金银花中的有效成分，可修复损伤的胰岛 β 细胞，增强受体对胰岛素的敏感性。

绿茶

绿茶含有茶多酚等特殊成分，可改善人体对胰岛素的反应能力，降低血糖，适量饮用有助于糖尿病症状的缓解。

西洋参

西洋参具有生津止渴、滋阴补肾的作用，可以减轻糖尿病患者口渴、多饮、多尿的症状。西洋参还可以增强免疫力，对体质较弱的糖尿病患者具有一定的补益作用。

玉米须

玉米须对降血糖有非常好的作用，能够稳定血糖，也能够降低药物的一些副作用。玉米须煮水喝还具有较好的降血压的功效，可预防高血压、动脉粥样硬化等心血管疾病。

枸杞子

枸杞子中的多糖能增强 2 型糖尿病患者胰岛素的敏感性，增加肝糖原的储备，降低血糖水平。

红茶

红茶具有促进人体产生胰岛素的功效，适量饮用可以辅助控制血糖，有助于糖尿病患者保持血糖的稳定。

降糖降压茶饮

红茶

稳定血糖。

原料

红茶 5 克。

1. 将红茶放入杯中。
2. 用沸水冲泡饮用即可。

降糖功效

红茶含有茶多酚、维生素，可促进人体产生胰岛素，适量饮用可以辅助控制血糖水平。

绿茶

增强胰岛素活性。

原料

绿茶 4 克。

1. 将绿茶放入杯中。
2. 用沸水冲泡饮用。

降糖功效

绿茶中含有茶多酚，有助于控制血糖的升高。大量茶多酚对肝肾有一定的损伤，还可使大脑中枢兴奋性升高。所以绿茶要适量饮用。绿茶中的儿茶素能降低糖尿病患者血浆中的胆固醇及甘油三酯含量。

玉米须茶

利尿，防水肿。

降糖功效

玉米须含有许多生物活性物质，具有降血糖、利尿、降血压等作用，可作为糖尿病患者的辅助治疗饮品适量饮用。

原料

玉米须 10 克。

1. 将玉米须放入杯中。
2. 用沸水冲泡饮用即可。

苦瓜茶

降血脂，控制血糖。

降糖功效

苦瓜含一种类胰岛素物质，有一定的降糖作用。儿茶素是绿茶的涩味成分，可以防止血管老化。

原料

苦瓜干 10 克，
绿茶 10 克。

1. 将以上两种材料放入杯中。
2. 以沸水冲沏饮用。

绞股蓝银杏叶茶

降低血脂和血压。

原料

绞股蓝 10 克，
银杏叶 10 克。

1. 分别将绞股蓝、银杏叶洗净，晒干或烘干，共研成细末，分装 2 个绵纸袋中，封口挂线备用。

2. 每日 2 次，每次 1 袋，用沸水冲泡，加盖闷 15 分钟，即可饮服。一般每袋可反复加水冲泡 3~5 次，当日饮完。

降糖功效 此茶具有滋补强身、降脂、降压等功效，对防治动脉硬化、高血压、糖尿病以及肥胖症等均有疗效。

山楂金银花茶

活血通脉，降低血脂。

原料

干山楂片 10 克，
金银花 10 克。

降糖功效 金银花可增强糖尿病患者的免疫力，还具有清热解毒、消暑除烦的作用。不过，金银花性寒，脾胃虚寒者要慎用。

1. 将干山楂片放入杯中；将金银花洗净后沥干水分，放入杯中。

2. 往杯中冲入开水。盖上杯盖闷 1 分钟，揭盖，凉至温热时饮用。

枸杞子西洋参茶

增强胰岛素的敏感性。

降糖功效

适量食用枸杞子能防止餐后血糖升高，提高糖耐量。西洋参有助于改善糖尿病患者口干、乏力等症状。

原料

西洋参 5 克，
枸杞子 3 克。

1. 枸杞子洗净；西洋参洗净，切成片。

2. 将西洋参片和枸杞子放入杯中，沸水冲泡饮用。

石榴皮茶

降低血糖和血脂。

降糖功效

此茶有助于改善糖尿病患者和糖耐量异常者的葡萄糖耐量，降低血糖、血脂，增强胰岛素的敏感性。

原料

石榴皮 3 克。

1. 将石榴皮清洗干净，切成小块或剪碎，放入杯中。

2. 倒入沸水，盖上杯盖，闷泡 10~15 分钟后即可饮用。

营养师推荐的烘焙食材

甜点用料讲究精准，各种用料之间都有着一定的比例，不可随意替换、更改。但是糖尿病患者想要吃点心的话，就得用一些适合糖尿病患者食用的烘焙原料了，以降低升糖风险，让糖尿病患者也能“解解馋”，但仍要控制用量，不宜多吃。

玉米面（黄） 1483 千焦 /100 克

呈小细粒状，由玉米研磨而成，在烘焙产品中用来做玉米面面包和杂粮面包，如在大规模制作法式面包时也可将其撒在粉盘上作为整形后面团防粘之用。

麸皮 1181 千焦 /100 克

为小麦最外层的表皮，多数当作饲料使用，但也可掺在高筋白面粉中制作高纤维麸皮面包。

低脂奶粉 1793 千焦 /100 克

在烘焙产品制作中较常用。

小麦胚芽 1687 千焦 /100 克
为小麦在磨粉过程中将胚芽部分与本体分离所成，用作胚芽面包之制作。小麦胚芽中含有丰富的营养价值，尤为孩童和老年人之营养食品。

玉米淀粉 1446 千焦 /100 克
多用在派馅的胶冻原料中或奶油布丁馅中，还可在蛋糕的配方中加入，可适当降低面粉的筋度。

燕麦 1433 千焦 /100 克
燕麦中的膳食纤维可以增加胰岛素的敏感性，防止餐后血糖的急剧升高。

可适量食用的甜点

玉米面饼干

约 3 056 千焦 热量

降糖关键点
强化胰岛素功能。

原料
低筋面粉 80 克，玉米面 80 克，鸡蛋 1 个，橄榄油 8 克，木糖醇、杏仁粉、发酵粉、黑芝麻、盐各适量。

玉米面饼干热量偏高，糖尿病患者要控制用量。

玉米营养丰富，其中的铬对人体内糖类的代谢有重要作用，能增强胰岛素的功能，促进机体利用葡萄糖，是胰岛素的“加强剂”。

家常做法

“黑芝麻、杏仁粉可放可不放。”

1. 橄榄油、盐、木糖醇、蛋液打至奶油状；加低筋面粉、玉米面、杏仁粉和发酵粉。

2. 用橡皮刮刀搅拌成均匀的面团，压成片，放入冰箱冷藏30 分钟。

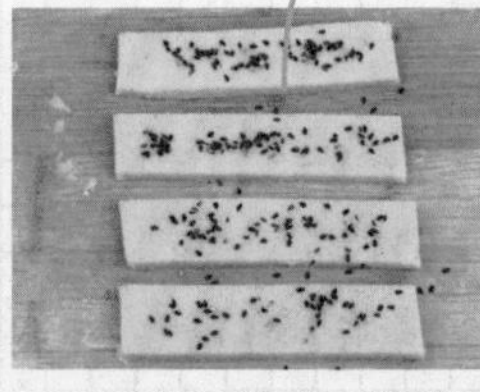

3. 取出面团，将其切成长方形；在上面撒黑芝麻，移入烤盘。

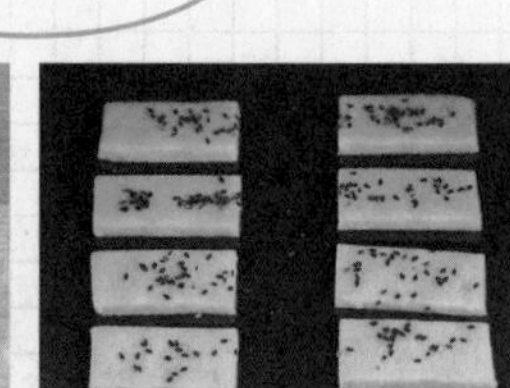

4. 烤箱预热 170℃，烤 17~20 分钟，至均匀上色为止。

开心果蛋卷

约 2 528 千焦 热量

降糖关键点

含膳食纤维，有助于稳定血糖。

原料

全麦面粉 100 克，淀粉 10 克，鸡蛋 2 个，橄榄油 10 克，小苏打、黑芝麻、开心果各适量。

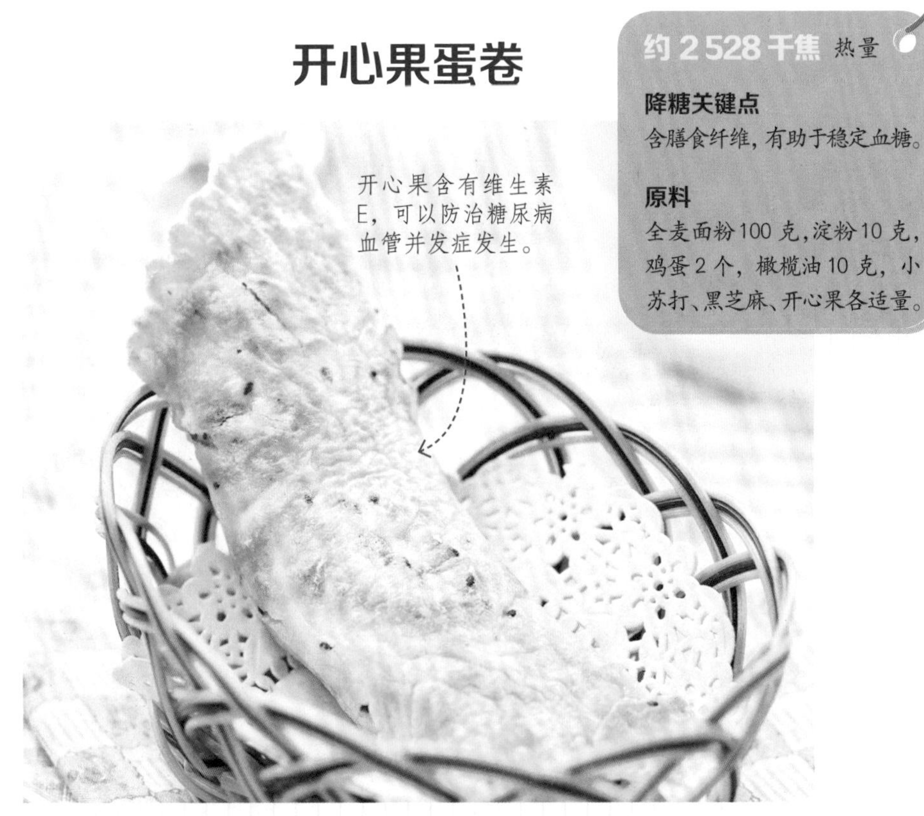

开心果含有膳食纤维，适量食用开心果有助于稳定血糖。而且，开心果营养丰富，含有较多的蛋白质和矿物质、维生素，对糖尿病患者有很好的补充营养的作用。

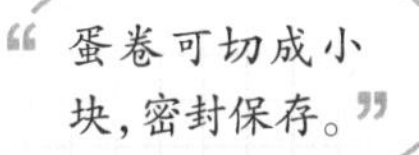

家常做法

1. 把鸡蛋分 3 次加入橄榄油中，每次加入要拌匀才可加下一次。

2. 加入粉类并拌匀，并放入黑芝麻、开心果。

3. 平底锅预热，舀一勺面糊，迅速用木铲推平，成形后翻面烤。

4. 趁热将蛋卷卷起，等蛋卷凉了即可食用。

南瓜冻糕

约 465 千焦 热量

降糖关键点
改善人体糖代谢。

原料
南瓜 200 克，牛奶 100 克，鱼胶粉、椰奶各适量。

糖尿病患者宜选嫩南瓜。

南瓜中的钴能活跃人体新陈代谢，并参与人体内维生素 B_{12} 的合成；南瓜中的铬能改善人体糖代谢，适量食用，对糖尿病患者有益；南瓜中含有的胡萝卜素，有助于保护糖尿病患者的视力。食用南瓜时，要适当减少主食量。

家常做法

1. 把南瓜去皮，切成小块蒸熟。

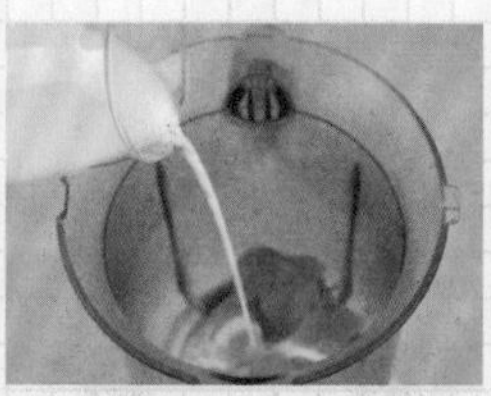

2. 把南瓜块、牛奶、椰奶放进搅拌机里，慢速搅拌均匀。

3. 用水把鱼胶粉加热至融化后倒入南瓜奶浆中，再搅拌均匀。

4. 倒入盘里，放进冰箱冷却 1 小时即可。

粗粮饼干

约 2 777 千焦 热量

降糖关键点

缓解餐后血糖快速升高。

原料

低筋面粉 100 克，燕麦片 20 克，橄榄油 20 克，鸡蛋液 10 克，豆渣 50 克，小苏打、黑芝麻各适量。

粗粮饼干热量偏高，需相应减少主食的量。

燕麦富含膳食纤维，具有润肠通便、防治便秘的功效。燕麦属于粗粮的一种，相较于精细粮食，可延缓餐后血糖快速升高。

家常做法

1. 把鸡蛋分 3 次加入橄榄油中，每次加入要拌匀才可加下一次。

2. 加豆渣拌匀，与过筛后的低筋面粉、小苏打、燕麦片和黑芝麻揉成团。

3. 盖上保鲜膜后放冰箱冷藏 1 小时。

4. 将面团做成五角形状的薄饼，排入垫锡纸的烤盘，中上层 165℃，烤 18 分钟即可。

咖啡布丁

约 632 千焦 热量

降糖关键点
减少肠道对糖的吸收。

原料
吉利丁片 20 克，黑咖啡 200 毫升，薄荷叶适量。

咖啡中含有绿原酸，可以在一定程度上减少肠道对糖的吸收；不过咖啡里含有一定量的咖啡因，不建议糖尿病患者长期饮用，偶尔适量喝一点是可以的，最好餐后或两餐之间饮用，不能睡前饮用，以免影响睡眠。。

家常做法

1. 将吉利丁片用冷水泡软，挤干水分。

2. 把泡软的吉利丁片放入热咖啡中。

3. 不断搅拌，至吉利丁片完全融化。

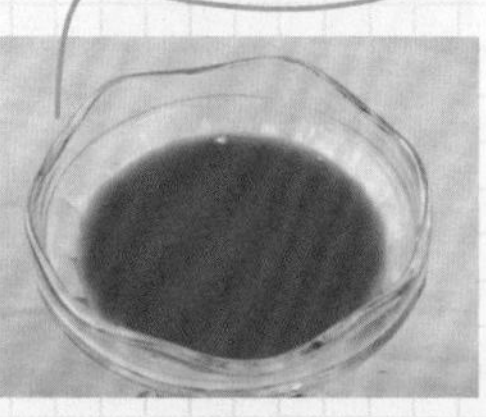

4. 倒入容器中，放入冰箱冷藏至布丁液凝固，取出，撒上薄荷叶装饰即可。

草莓蛋挞

约 4 160 千焦 热量

降糖关键点

降低葡萄糖的吸收速度。

原料

椰奶 100 克，黑豆粉 50 克，炼乳 10 克，鸡蛋 2 个，蛋挞皮 100 克，草莓 100 克。

蛋挞本身热量较高，加入草莓，可以在一定程度上减少蛋挞的摄入量，减缓血糖上升的速度。需要注意的是，蛋挞作为加餐食用，很容易摄入过量，所以一定要严格控制摄入量。

家常做法

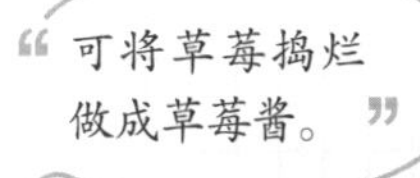

1. 椰奶、黑豆粉、水、炼乳放入小锅加热直到完全融合，不必煮沸腾。

2. 加热好的奶液放凉，加入打散的蛋黄液搅拌均匀，即成蛋挞液。

3. 提前半小时软化冷冻的蛋挞皮，放入九分满蛋挞液。

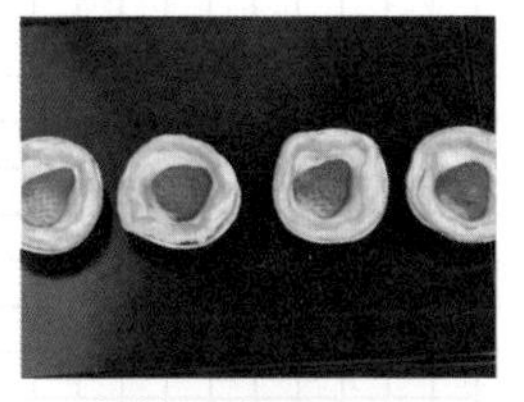

4. 烤箱预热至170℃，烤 25 分钟左右，蛋挞出烤炉，摆上草莓即可。

全麦面包

约 4 454 千焦 热量

降糖关键点
控制餐后血糖快速上升。

原料
全麦面粉 300 克，水 185 克，干酵母 3 克，橄榄油 12 克，盐、燕麦片各适量。

全麦面包含有丰富的粗纤维和 B 族维生素，有助于减肥，可预防糖尿病、动脉粥样硬化等疾病的发生。

家常做法

1. 将所有材料揉成面团；盖上保鲜膜，在 28℃的环境中发酵 2 小时。

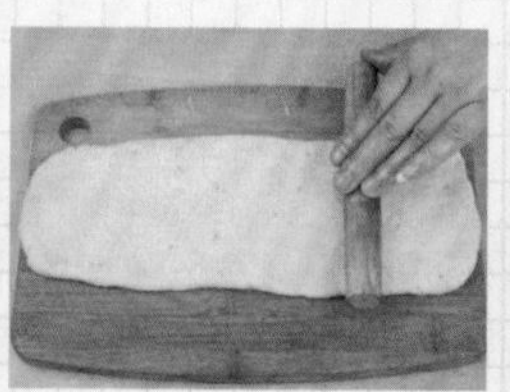

2. 发酵好的面团排气，分割成两份，滚圆，醒发 15 分钟后将面团按扁。

3. 面团擀成长条，沿长边从下往上卷成长条状。38 ℃的温度下发酵。

4. 放入预热成 200℃的烤箱，烤 25 分钟左右，至表面金黄即可。

核桃苏打饼干

约 3 273 千焦 热量

降糖关键点

改善胰岛功能，调节血糖。

原料

低筋面粉 150 克，黑豆粉 20 克，橄榄油 10 克，核桃仁 10 克，干酵母、苏打粉、盐各适量。

糖尿病患者出现低血糖时可适量吃，平时尽量少吃或不吃。

核桃含有丰富的营养成分，如磷脂、蛋白质、不饱和脂肪酸、微量元素、维生素 E 等。其中的微量元素锌、铬等可以帮助控制糖尿病的病情，维持正常的血糖水平。

家常做法

1. 黑豆粉加水放锅中煮至微热，加干酵母混合；把核桃仁剁成碎末。

2. 低筋面粉加盐、苏打粉、核桃仁、橄榄油混合黑豆糊揉成面团。

3. 和好的面团擀成面片，用饼干模具将面片刻成各种形状。

4. 饼干坯放入烤盘，放入预热至 190℃ 的烤箱中部，烤制 10 分钟即可。

第七章
糖尿病并发症的饮食方案

糖尿病合并高血压、冠心病、高脂血症、肾病、痛风等疾病的患者，更应该注重饮食调理。本章提供了多种并发症患者应遵循的饮食原则、三餐带量食谱，以帮助患者尽快恢复健康。

糖尿病合并高血压

我国高血压的发病率较高，在糖尿病患者中，并发高血压的概率也较高。糖尿病患者患高血压的概率约为非糖尿病患者的2倍，且患病率的高峰比正常人约提早10年出现，而伴有高血压患者更易发生心肌梗死、脑血管意外，并加速视网膜病变及肾脏病变的发生和发展。

糖尿病合并高血压饮食原则

科学、合理地安排饮食，有助于预防糖尿病合并高血压的发生。如果患上此种疾病，更要坚持科学的饮食安排原则，要讲究清淡饮食，避免吃高糖、高淀粉、高脂肪、高热量的食物，保证全谷物和绿色蔬菜的摄入，这样才能够控制住病情的发展。

· 严格限盐，建议每日3~5克 盐摄入过多是导致高血压的一个重要因素，还会加重肾脏负担，因此在饮食中要严格限制盐的摄入量。普通人每天摄盐量应少于5克。而糖尿病合并高血压患者则建议每日摄盐量为3~5克；同时要不吃或少吃腌制食品，炒菜时少放盐。

· 减少脂肪摄入，补充优质蛋白质 糖尿病合并高血压患者要控制膳食中脂肪的摄入。比如，食物油炸后脂肪含量很高，所以要少吃油炸、油煎类食物。脂肪摄入少了，可适当补充优质蛋白质，常食用富含优质蛋白质的鱼虾类、豆制品、瘦肉、鸡蛋白及脱脂牛奶等。

加餐应选含糖少的蔬菜

患者在控制热量期间仍感觉饥饿时，可食用含糖量低的蔬菜，如黄瓜、番茄等。由于蔬菜富含膳食纤维，所以具有饱腹作用。

· 每日摄入富含膳食纤维和钾的果蔬 膳食纤维能够吸附体内多余的钠盐，促使其排出体外，从而达到降压的目的，建议常吃绿叶菜、胡萝卜、洋葱、山药、南瓜、红小豆等。另外，补充钾可促进钠盐排出，使升高的血压下降，菠菜、苋菜、香蕉、橙子等绿色、黄色、橙色食物含钾高，可适当多吃。

在外就餐时不小心吃了高盐食物怎么办

如果在外就餐吃得过咸，可以适量多吃高钾的水果，如橙子、香蕉含钾量就很高，可以促进钠的排出。还要多喝水，以补充细胞的水分。

糖尿病合并高血压饮食宜忌

✓合并高血压宜吃食物

胡萝卜 含胡萝卜素，能对抗人体内的自由基，具有降血糖功效。富含钾，利于控制血压。

芹菜 芹菜能减少肾上腺素分泌，从而降低和平稳血压。

玉米 玉米中的亚油酸能预防高血压、冠心病。

莲子 莲子中钾元素含量较多，能帮助降低血压。

带鱼 带鱼含有镁，有助于降低血压。

玉米须 含有的活性成分有助于降低血压。

✕合并高血压忌吃食物

腊肉 含盐量高，不适合高血压患者食用。

巧克力 对神经会产生兴奋的作用。

炸鸡 含盐量和含脂量都比较高。

油条 脂肪高，热量高。

腌菜 含有大量亚硝酸盐，长期进食腌菜，容易加重病情。

烈性酒 酒中的乙醇会造成血压的不稳定。

专家推荐食谱

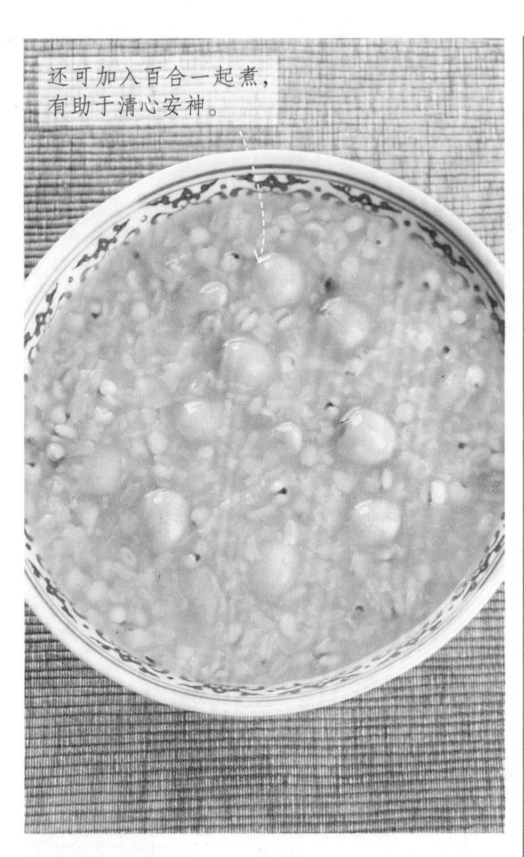

莲子粥

约830千焦

有效帮助降低血压。

原料

莲子20克，
薏米20克，
玉米粒50克。

1. 莲子、薏米提前浸泡；将莲子、薏米、玉米粒淘洗干净，放入锅中。

2. 加适量水，熬煮1小时，等食材熟烂即可。

降糖功效

薏米的保健功效较强，适合糖尿病、高血压患者食用。莲子可清热祛火，降压降脂，还能够改善心悸、失眠、健忘等现象。

芹菜牛肉丝

约664千焦

提高机体免疫力。

原料

牛肉50克，
芹菜100克，
橄榄油10克，
酱油、水淀粉、盐、葱丝、姜末各适量。

1. 牛肉洗净，切丝，加酱油、水淀粉腌制1小时左右；芹菜择叶，去根，洗净，切段。

2. 热锅放橄榄油，放姜末和葱丝煸香，然后加入腌制好的牛肉丝和芹菜段翻炒，可适当加一点清水。最后放入适量盐，出锅即可。

降糖功效

芹菜富含膳食纤维，能延缓对糖的吸收，降低血糖；其所含黄酮类物质，可改善微循环，促进糖的转化。

带鱼炒苦瓜

约950 千焦

有助于降低胆固醇。

原料

苦瓜50克，
带鱼100克，
橄榄油10克，
洋葱、蒜、盐各适量。

1. 处理好的带鱼块小火煎至两面金黄；苦瓜洗净，切片；洋葱洗净，切丁；蒜切碎。
2. 炒香蒜粒、洋葱丁，倒入带鱼块、苦瓜片轻轻翻炒，加盐调味即可。

降糖功效 带鱼的脂肪主要以不饱和脂肪酸为主，不仅可以降低人体内的胆固醇和甘油三酯，也可以帮助患者保护血管。

苹果胡萝卜汁

约294 千焦

富含钾和果胶。

原料

苹果100克，
胡萝卜50克。

1. 将苹果洗净后切小块；胡萝卜洗净，切丁。
2. 二者同放榨汁机中，加适量水，榨汁即可。

降糖功效 苹果所含的果胶能预防胆固醇增高，减少血糖含量。胡萝卜含有丰富的胡萝卜素，能有效对抗人体内的自由基，且富含钾，有助于降血糖、降血压。

糖尿病合并冠心病

糖尿病合并冠心病是糖尿病患者受冠状动脉粥样硬化、微血管病变、心脏自主神经受损、心肌代谢异常等因素影响所导致。具有发病早，发展较快，病情重，且死亡率高的特点。

糖尿病合并冠心病饮食原则

糖尿病合并冠心病与饮食营养有着直接或间接的关系，合理膳食，是防治该病的重要措施之一。合理控制热量摄入，适当增加膳食纤维的摄入，保证必需的矿物质和维生素供给，能有效防治冠心病。

·长期吃素不可取 许多糖尿病患者由于害怕血脂过高，就长期吃素。其实一味吃素对人的健康并非完全有利，长期吃素反而会降低自身抵抗力，有损健康。

·适当食用豆制品 豆制品中含有植物雌激素，植物雌激素具有减少心血管疾病发生的作用。同时，黄豆中的植物蛋白和植物固醇具有降低血液中胆固醇含量的效果，能有效预防心血管病。所以，糖尿病合并冠心病患者应该适量吃豆制品。

·适当多吃些活血化瘀的食物 中医认为，气滞血瘀是心血管疾病发病的原因之一，冠心病患者可以适当多吃些活血化瘀的食物来调治，如油菜、韭菜、洋葱、黑豆、木耳等。

·少饮或不饮浓茶、咖啡 浓茶和咖啡中含有茶碱、咖啡因等生物活性物质。这些物质对中枢神经有明显的兴奋作用，一旦摄入过量，就会使心跳加快，对冠心病患者不利。所以，糖尿病合并冠心病患者要少饮浓茶和咖啡。

糖尿病合并冠心病患者应注意哪些问题

日常生活中要戒烟、限酒，经常监控血压和血糖，均衡饮食，适量运动并保持健康体重。

素食做成重口味健康吗

许多吃素的人为了提高食物的口感及味道，往往选择加过量油、盐和其他调味品。这样会带来过高的热量摄入，使血糖升高，过高的钠盐摄入也会影响血压。

糖尿病合并冠心病饮食宜忌

✓合并冠心病宜吃食物

香菇 香菇富含膳食纤维和多糖类物质,具有降低血脂、保护血管的功效。

荞麦 荞麦中含有镁,能使血管扩张而抗栓塞。

黄豆 黄豆及其制品富含磷脂和钙,对心血管有保护作用。

柚子 柚子中含维生素 C,有助于清除体内的自由基。

茄子 茄子富含维生素 P,能增强细胞间的黏着力,维持血管弹性。

冬瓜 冬瓜能减少血液中脂肪和胆固醇含量,对防治心血管疾病有一定的效果。

×合并冠心病忌吃食物

方便面 方便面基本上都经过油炸,含盐量也高,不适合冠心病患者食用。

鱼子 鱼子是高脂肪、高胆固醇和高热量的食物,容易增加血液黏稠度。

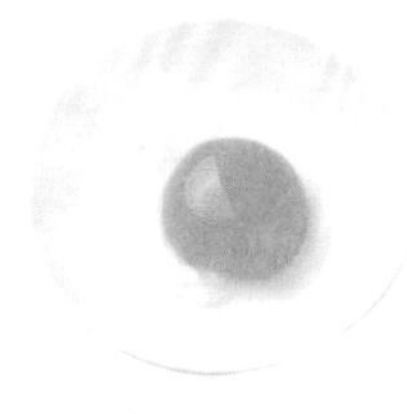

蛋黄 蛋黄脂肪和胆固醇含量高。

松花蛋 松花蛋高盐、高脂肪、高胆固醇,冠心病患者要少食。

浓茶 浓茶里的咖啡因以及茶多酚可能会导致患者的交感神经兴奋,从而使患者的心率增快,增加心脏的负担。

专家推荐食谱

荞麦面疙瘩汤

约1268千焦

有助于促进糖代谢。

原料

荞麦面75克，
香油5克，
胡萝卜、南瓜、葱、盐、酱油各适量。

1. 胡萝卜、南瓜洗净切丁；葱切成小段。将处理好的材料一起煮开，加盐、酱油调味。
2. 将和好的荞麦面拨入汤中，煮开，加入适量香油即可。

降糖功效

荞麦中的某些黄酮成分、锌、维生素E、B族维生素等，具有改善葡萄糖耐量的功效。

青椒茄子

约548千焦

控制餐后血糖升高。

原料

茄子100克，
青椒100克，
植物油10克，
葱花、盐各适量。

1. 将茄子洗净，切片；青椒去蒂，洗净，切成片。
2. 锅内放底油，放入茄子片煸炒至将熟。再将青椒片放入，煸炒几下，加盐炒匀起锅，撒上葱花即可。

降糖功效

青椒含有丰富的维生素C，有助于清除体内自由基，增强胰岛素的作用，调节糖的代谢；青椒可促进消化，并增加脂肪代谢。茄子能降低胆固醇，防止血管损害，可辅助治疗高血压、高脂血症、动脉硬化等疾病。

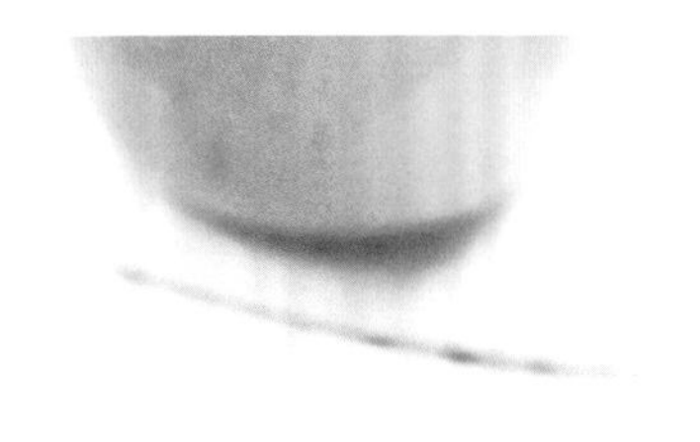

冬瓜能清热解暑，清降胃火。

香菇烧冬瓜

约 324 千焦

具有减肥、降脂功效。

原料

香菇 50 克，
冬瓜 200 克，
橄榄油 5 克，
水淀粉、姜片、葱段、酱油各适量。

1. 冬瓜去皮，洗净，切成片；香菇去蒂，洗净，切片，用开水焯熟。

2. 橄榄油烧热，放入葱段、姜片爆香，倒入冬瓜片、香菇片翻炒片刻；放入酱油翻炒均匀，用水淀粉勾芡即可。

降糖功效

冬瓜和香菇热量都不高，升糖指数也不高，适合糖尿病、高血压、冠心病患者食用。香菇中的膳食纤维和多糖类物质有助于维护心血管健康。

番茄柚子汁

约 66 千焦

升糖指数低。

原料

番茄 50 克，
柚子 20 克。

1. 将番茄、柚子去皮，洗净切丁。

2. 放入榨汁机中，加适量水。

3. 开启榨汁机榨汁即可。

降糖功效

柚子含有丰富的维生素 C，可帮助预防高血压、动脉粥样硬化。番茄热量低、糖分低，适合糖尿病患者食用。

气虚及身体虚寒者不宜频繁饮用。

糖尿病合并高脂血症

糖尿病所致的脂质代谢异常，对动脉粥样硬化的发生及发展有重要影响。糖尿病合并高脂血症的危险性甚至超过高血压、胰岛素抵抗、腹型肥胖等。不伴有并发症的糖尿病患者，血脂谱往往较为理想，因而无需常规给予降脂治疗。轻度高脂血症通常没有任何不舒服的感觉；当严重高脂血症合并血管病变时，会出现头晕目眩、胸闷气短、肢体麻木等症状，甚至会导致冠心病、脑卒中等严重疾病，并出现相应症状。

糖尿病合并高脂血症饮食原则

饮食控制及合理调配是防治糖尿病合并高脂血症的重要措施之一，通过限制膳食中胆固醇和动物性脂肪的摄入，增加膳食纤维量，适量食用一些具有降血脂作用的食物，如燕麦、木耳、海带、山楂、洋葱和魔芋等，可起到辅助治疗作用。

· 控制脂肪和胆固醇的摄入 每日摄取脂肪50~60克为宜，胆固醇每日摄入量应控制在200毫克以下。在动物性食物中，应增加低脂肪、高蛋白的肉类，如鱼虾肉、禽肉等；减少红肉脂肪摄入，比如猪肉、牛肉等。去皮可去掉大部分脂肪，因此鸡肉、鸭肉、鹅肉应该去掉皮再吃。可选择适量植物油来做菜，有利于降低胆固醇的吸收。

· 每天宜吃75克富含蛋白质的食物 糖尿病合并高脂血症患者每天宜摄入75克富含蛋白质的食物，以满足机体消耗，建议每天摄入鱼虾40~75克，瘦肉40~75克，豆腐50~100克，牛奶200毫升，鸡蛋40~50克。

· 膳食纤维每天摄入量应大于35克 糖尿病合并高脂血症患者尤其需要补充膳食纤维，每天的摄入量应该大于35克。这样不但能够使餐后血糖平稳，而且能够降低血清胆固醇水平。

· 适当选用茶油或橄榄油 因为单不饱和脂肪酸有降低血胆固醇、甘油三酯、血脂的作用，所以糖尿病患者应当经常选用富含单不饱和脂肪酸的油，如茶油、橄榄油等。

豆腐中蛋白质含量高吗

豆腐含蛋白质较高，含有8种人体必需的氨基酸，还含有肉类食物缺乏的不饱和脂肪酸、卵磷脂、植物固醇等。因此，糖尿病患者平时可常吃豆腐。

动物内脏富含胆固醇，糖尿病患者能吃吗

单纯的糖尿病，没有其他并发症，可以适量吃动物内脏。如果伴有高尿酸血症或高脂血症的，则不宜吃动物内脏。

糖尿病合并高脂血症饮食宜忌

✔ 合并高脂血症宜吃食物

燕麦 燕麦中含有的膳食纤维可有效减少血液中的胆固醇。

黄瓜 黄瓜中的纤维素，可促进肠道腐败物质排泄和降低胆固醇。

菜花 菜花中富含类黄酮物质，有“血管清理剂”的美称。

绿豆 绿豆含植物甾醇和多糖类物质，有助于降血脂、降胆固醇、清暑解毒等。

韭菜 韭菜中含有促进血液循环和降脂降糖作用的皂苷、类黄酮物质。

三文鱼 三文鱼含有不饱和脂肪酸,能够降低血脂。

✘ 合并高脂血症忌吃食物

动物内脏 动物内脏中脂肪和胆固醇的含量很高。

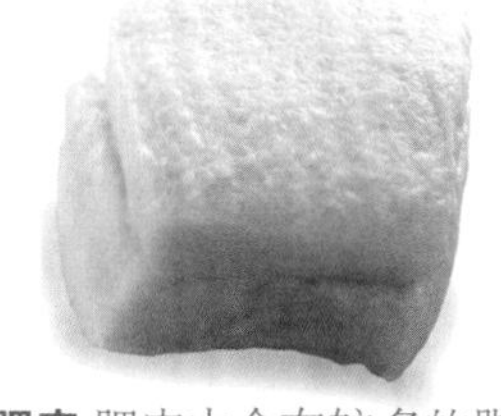

肥肉 肥肉中含有较多的脂类物质，属于饱和脂肪酸，容易导致血管堵塞。

油炸食品 油炸类食品所含热量与脂肪较高，不适合高脂血症患者食用。

奶油蛋糕 奶油蛋糕是富含大量脂类的食物，并且含反式脂肪酸，对于高脂血症患者是不适宜的。

螃蟹 螃蟹中含大量的胆固醇，易导致血液黏稠，血流缓慢，造成血管堵塞，尤其是蟹黄、蟹膏更是不适合高脂血症患者。

专家推荐食谱

燕麦香芹粥

约600 千焦

降低胆固醇。

原料

燕麦40克，
香芹50克，
盐适量。

1. 燕麦淘洗干净；香芹洗净，连叶一起切碎。

2. 燕麦放入锅中，加适量清水，煮至粥烂，撒入芹菜碎略煮，调入少许盐，搅匀即可。

降糖功效

燕麦中含有的膳食纤维可降低血液中胆固醇的含量，燕麦中的抗氧化剂还可以减轻炎症，舒张动脉血管，从而促进大脑、心脏血管的健康。

三丁玉米

约876 千焦

稳定血糖。

原料

玉米粒80克，
青豆30克，
胡萝卜丁30克，
橄榄油8克，
盐适量。

1. 将玉米粒、胡萝卜丁、青豆用开水焯熟。

2. 锅内倒入适量橄榄油烧热，倒入上述焯好的材料及盐翻炒均匀即可。

降糖功效

玉米富含氨基酸、不饱和脂肪酸、矿物质和维生素，可防止脂肪在血管壁沉积，对高血压、动脉硬化以及高血脂症患者有利。胡萝卜中含有丰富的胡萝卜素、钾等营养元素，能有效对抗人体内的自由基，有助于降血糖、降血压。

芦笋煎鸡蛋

约 652 千焦

降血糖，提高免疫力。

原料

芦笋 150 克，
鸡蛋 1 个，
橄榄油 5 克。

1. 将芦笋洗净切段，放在净锅中煸软。油锅中加入鸡蛋，待定形后，加水，盖上锅盖把鸡蛋焖熟。

2. 把鸡蛋盛出，和芦笋一起码在盘边上即可。

降糖功效

芦笋富含膳食纤维、维生素和多种矿物质，有利于维护毛细血管的形态、弹性和生理功能，经常食用，对防治高血压、心脑血管疾病有益。

木瓜橙汁

约 323 千焦

可增强体质。

原料

木瓜 100 克，
橙子 100 克。

1. 橙子洗净后挖出果肉；木瓜洗净，去皮除子，切块。

2. 把橙子肉、木瓜块放入榨汁机中，加入凉开水一起榨汁即可。

降糖功效

木瓜有软化血管、降血脂、降血糖的功效，对于糖尿病合并血脂异常及动脉硬化的患者很有好处。

糖尿病合并肾病

糖尿病引起的肾脏病变是糖尿病的严重并发症之一，也是造成糖尿病患者死亡的重要原因之一。所以，糖尿病患者需要高度警惕糖尿病合并肾病，从开始患病就应该加强自我保健和自我防范，同时要从饮食着手，减轻肾脏压力，从而减缓肾病的发展，提高生活质量。

糖尿病合并肾病饮食原则

糖尿病合并肾病患者在选择食物时，应选择有利于减轻肾脏负担及临床症状的食物。食谱的制订要根据蛋白尿的程度及氮质血症的情况而定，无论蛋白质供应数量多少，均应充分注意优质蛋白质的供给。

·选择主食要把握两个原则 糖尿病合并肾病患者在选择主食时，要把握两个原则：一是选择升糖指数相对较低的复合糖类，如荞麦、燕麦、莜麦、小米等；二是选择热量低、蛋白质含量低的食物作为主食。

·减少钾的摄入量 因为糖尿病合并肾病患者很容易出现酸中毒和高钾血症，一旦出现，将诱发心律失常。因此，应该减少钾的摄入量。像油菜、菠菜、韭菜、番茄、海带、红薯、香蕉和桃子等含钾高的食物应该注意适量食用。

·保证摄入足够热量 尽管糖尿病合并肾病患者会从尿中丢失大量蛋白，但高蛋白饮食会增加肾小球过滤强度，促进肾脏病变。因此，在低蛋白饮食时要保证足够热量，需要达到125~146千焦/千克体重，以免出现营养不良。

·肾功能不全者，盐降至每日2克 肾病发展到一定阶段常常会出现高血压，表现为水肿或者尿量减少，限制食盐可以有效防止糖尿病合并肾病的发展。糖尿病合并肾病患者的食盐量应该控制在每日2克，同时还要注意不吃腌制品。

含钾高的食物一点儿也不能吃吗

因为钾溶于水，所以吃含钾高的蔬果时，可煮后挤干，或者用水冲洗，从而减少钾的含量。另外，钾多含于皮和种子等部位，所以可以剥皮或去除种子后再食用。

升糖指数低的食物就能多吃吗

如果升糖指数低的食物吃太多，升高血糖的总量会增加，也会使人长期处于高血糖状态，不利于糖尿病患者控制血糖，所以要适量食用。

糖尿病合并肾病饮食宜忌

✓合并肾病宜吃食物

小米 小米可益肾气、补元气。

红小豆 红小豆对糖尿病合并肾病造成的小便不利有疗效。

黑米 黑色入肾，适量吃黑米有滋补肾脏的作用。

冬瓜 冬瓜的含水量很高，有补水利尿的作用。糖尿病合并肾病患者可以常吃冬瓜。

枸杞子 枸杞子有清肝明目之效，对于糖尿病合并肾病患者来说，还有助于降低胆固醇和降低血糖。

✕合并肾病忌吃食物

香蕉 香蕉中含有大量的钾，肾病严重的患者不适宜吃。

咸鸭蛋 咸鸭蛋的蛋黄中富含胆固醇和盐分，不宜多食。

果脯 果脯含糖、含盐量都比较高，容易加重肾脏负担。

杨桃 肾病患者要慎吃杨桃，特别是慢性肾功能不全的患者不宜吃杨桃。

蜂蜜 蜂蜜属于高糖食物，要谨慎食用。

专家推荐食谱

红小豆饭

约853千焦

利尿，控制血糖。

原料

红小豆20克，
大米40克，
香菜叶、
圣女果各适量。

1. 红小豆浸泡一夜，洗净。

2. 锅中放入适量清水，再放入红小豆，煮至八成熟。

3. 煮好的红小豆和汤一起倒入淘洗干净的大米中，蒸熟摆上香菜叶和圣女果点缀即可。

降糖功效

红小豆能帮助胰岛素代谢血糖。红小豆有良好的利尿作用，对糖尿病合并肾病造成的小便不利有一定的疗效。

黑米鸡肉粥

约727千焦

防餐后血糖急剧上升。

原料

黑米25克，
鸡肉50克，
胡萝卜50克，
盐适量。

1. 鸡肉煮熟切丁，胡萝卜洗净切丁，黑米洗净。

2. 锅内加水，放入洗好的黑米烧开，放入胡萝卜丁、鸡肉丁。

3. 用小火熬至粥软烂，加盐即可。

降糖功效

黑米中含膳食纤维较多，可提高胰岛素的利用率，控制餐后血糖的上升速度。鸡胸肉中含有的B族维生素可参与糖类及脂肪的代谢，帮助葡萄糖转化成能量。

黄瓜炒兔肉

约869千焦

补中益气，滋阴润燥。

原料

黄瓜 50 克，
兔肉 100 克，
木耳 25 克，
植物油 10 克，
姜末、葱末、
盐各适量。

1. 黄瓜洗净，切成片；木耳洗净，撕小片；兔肉切片。

2. 锅中倒入植物油，炒香葱末、姜末，放入兔肉片炒散，再放入木耳片、黄瓜片，加盐炒匀至熟即可。

降糖功效

黄瓜含有的膳食纤维能够促进肠道蠕动，帮助排便，有利于“清扫”体内垃圾，还有助于预防肾结石。

无花果枸杞茶

约130千焦

生津止渴。

原料

无花果（干）5 克，
枸杞子 5 克。

1. 无花果干洗净，切小块；枸杞子洗净。

2. 二者一同放入杯中，开水冲泡即可。

降糖功效

无花果能帮助消化，促进食欲。枸杞子中的多糖能增强 2 型糖尿病患者胰岛素的敏感性，改善胰岛功能，并能防止餐后血糖升高，提高糖耐受量。

糖尿病合并痛风

糖尿病合并痛风并不少见。痛风很容易发展成为慢性痛风性关节炎，甚至可能引起尿酸盐在肾脏沉积，最终发展为肾衰竭。目前医学上仍然无法有效治愈痛风，合并有该病的糖尿病患者只能通过长期坚持正确的饮食、运动和药物治疗来缓解急性期的疼痛。

糖尿病合并痛风饮食原则

痛风是嘌呤代谢紊乱所致的一种疾病，大多数患者存在高热量、高蛋白、高脂肪、高嘌呤的饮食问题。因此，饮食治疗对控制病情发展，预防并发症的发生起着积极作用。糖尿病患者合并痛风时，在饮食方面一定要同时兼顾糖尿病和痛风对饮食的双重要求。

·限制嘌呤含量高的食物 尿酸高的人每日饮食中应多选用奶、鸡蛋、蔬菜、主食、水果等嘌呤含量低的食物。此外，病情稳定的患者可以适量选用瘦肉、泡发豆类等嘌呤含量中等的食物，避免食用高嘌呤食物，如动物内脏、罐头食品、鱼子、海鲜、肉汤和一些干豆类、干蘑菇类食物。

·少食油盐糖 糖尿病合并痛风患者饮食中要避免食用脂肪含量高的食物，如肥肉、油炸食物。烹饪时少油、少盐、少糖，清淡饮食。

·酒精会抑制尿酸排出，应限酒 酒里都含有酒精，酒精在肝脏代谢时伴随嘌呤分解代谢增加，最终导致尿酸增加；同时，酒精会引起体内乳酸累积，而抑制尿酸的排出。因此，糖尿病合并痛风患者应该严格控制摄酒量，最好戒酒。

·多饮水 糖尿病合并痛风患者应该多饮水，以促进尿酸的排泄。心肾功能正常者，每天要喝2 000~3 000毫升水。也可在睡觉前喝水，以免晚上尿液浓缩。

·多食蔬菜、水果

多吃蔬菜、水果会使尿液碱化，有利于尿酸的排出，并防止尿酸结石的形成。痛风患者每日应摄入300~500克的蔬菜及200~350克的新鲜水果。

糖尿病合并痛风患者能抽烟吗

对于痛风患者来说，是不建议抽烟的。因为抽烟会导致机体的免疫功能降低，易受风寒侵袭，从而使痛风发作。

痛风患者能吃豆制品吗

豆制品如豆浆、豆腐、豆皮、豆腐脑等嘌呤含量相对黄豆、绿豆等较低，痛风患者可以适量食用。

糖尿病合并痛风饮食宜忌

✓合并痛风宜吃食物

苦瓜 苦瓜是低嘌呤食物，钾含量较高，有利于尿酸的排出。

苋菜 苋菜嘌呤含量低，有助于减缓痛风症状，苋菜还富含镁元素，可改善糖耐量。

高粱米 高粱米所含的钾有助于尿酸排出体外。

石榴 石榴含钾较多，便于尿酸排泄，而且石榴含糖量不高，糖尿病合并痛风患者可以直接食用。

白菜 白菜嘌呤含量低，富含膳食纤维，有助于将尿酸排出体外，还可以延缓餐后血糖上升。

✕合并痛风忌吃食物

带鱼 带鱼的脂肪多为不饱和脂肪酸，具有降低胆固醇的作用。但带鱼的嘌呤含量较高，痛风患者不宜食用。

扁豆 扁豆蛋白质和嘌呤含量较高，会加快尿酸生成，痛风患者急性期不宜吃。

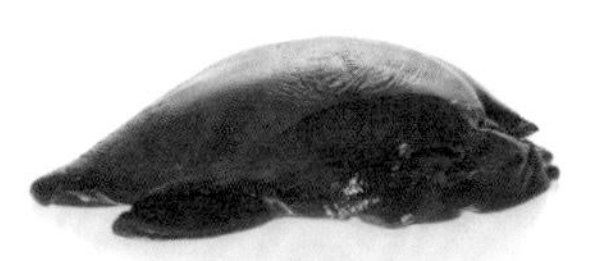

动物内脏 动物内脏嘌呤含量高，糖尿病合并痛风患者不宜吃。

芦笋 芦笋嘌呤含量较高，痛风患者不应过多食用，也不宜吃得太频繁。

啤酒 酒精能够升高血乳酸水平，抑制尿酸盐的排泄。其中，啤酒引发痛风的可能性较大。

专家推荐食谱

玉米面发糕

约 1 498 千焦

有助强化胰岛素功能。

原料

小麦粉 50 克，
玉米面 50 克，
红枣、酵母粉各适量。

1. 小麦粉、玉米面混合均匀；酵母粉溶于温水后倒入小麦粉中，揉成面团。
2. 红枣洗净，加水煮；煮好的红枣嵌入发好的面团表面，放入蒸锅。
3. 开大火，蒸 20 分钟，立即取出，取下模具，切成块。

降糖功效

玉米中的铬对人体内糖类的代谢有重要作用。且玉米属于低嘌呤食物，可正常食用。

茄子沙拉

约 398 千焦

缓解餐后血糖升高。

原料

长茄子 200 克，
圣女果 50 克，
蛋黄沙拉酱 15 克，
生菜 50 克，
橄榄油、黑胡椒碎、蒜末、孜然粉、盐各适量。

1. 长茄子洗净，切块；将黑胡椒碎、蒜末、孜然粉撒在茄子块上，加橄榄油搅拌均匀。
2. 烤箱 170℃预热，将茄子块摆在烤盘上，放入烤箱中烤 10~15 分钟。
3. 圣女果、生菜洗净；圣女果对切；生菜用手撕成小片。
4. 将食材装盘，倒入蛋黄沙拉酱、盐，搅拌均匀即可。

芹菜百合

约 613 千焦

可润燥。

原料

芹菜 150 克，
鲜百合 50 克，
橄榄油 5 克，
彩椒丝、盐各适量。

1. 芹菜洗净，切段；鲜百合去蒂后洗净，掰成片。

2. 锅内放橄榄油，烧热，放入芹菜炒至五成熟，加鲜百合、盐炒熟，加彩椒丝点缀即可。

降糖功效

芹菜是高膳食纤维食物，能改善糖尿病患者细胞的糖代谢，增加胰岛素受体对胰岛素的敏感性，使血糖下降，从而减少患者对胰岛素的需求量。芹菜、百合属于低嘌呤食物，可常食用。

杨桃菠萝汁

约 222 千焦

促消化，通便。

原料

杨桃 100 克，
菠萝肉 50 克。

1. 将杨桃洗净，切块。

2. 将切好的杨桃与菠萝肉同放榨汁机中，加入凉开水榨汁即可。

降糖功效

杨桃水分多，热量低，果肉香醇，有清热解毒、消滞利咽、通便等功效。水果类每天的食用量要控制在200~350克，过多的果糖摄入会影响嘌呤的代谢，导致尿酸增高。果汁尽量少喝，偶尔调剂则无妨。